STEM
塑造未来丛书

基因工程

[美] 戴夫·邦德 著

徐婧 沈静毅 译

SPM 南方出版传媒
广东科技出版社 | 全国优秀出版社
·广州·

U0173967

图书在版编目（CIP）数据

基因工程 /（美）戴夫·邦德著；徐婧，沈静毅译. —广州：广东科技
出版社，2020.10
（STEM塑造未来丛书）
书名原文：Genetic Engineering
ISBN 978-7-5359-7494-5

Ⅰ. ①基…　Ⅱ. ①戴…②徐…③沈…　Ⅲ. ①基因工程　Ⅳ. ①Q78

中国版本图书馆CIP数据核字（2020）第103957号

Translated and published by Guangdong Science & Technology Press Co.,Ltd. with
permission from Mason Crest, an imprint of National Highlights Inc.
© 2017 by Mason Crest, an imprint of National Highlights Inc. All Rights Reserved.
National Highlights is not affiliated with Guangdong Science & Technology Press Co.,Ltd. or
responsible for the quality of this translated work.

广东省版权局著作权合同登记
图字：19-2019-040号

基因工程

出 版 人：朱文清
责任编辑：李誉昌　刘锦业
封面设计：钟　清
责任校对：谭　曦
责任印制：林记松
出版发行：广东科技出版社
　　　　　（广州市环市东路水荫路 11 号　邮政编码：510075）
销售热线：020-37592148 / 37607413
http://www.gdstp.com.cn
E-mail：gdkjzbb@gdstp.com.cn
经　　销：广东新华发行集团股份有限公司
排　　版：创溢文化
印　　刷：广州一龙印刷有限公司
　　　　　（广州市增城区荔新九路 43 号 1 幢自编 101 房　邮政编码：511340）
规　　格：787mm×1 092mm　1/16　印张 4.75　字数 95 千
版　　次：2020 年 10 月第 1 版
　　　　　2020 年 10 月第 1 次印刷
定　　价：39.80 元

如发现因印装质量问题影响阅读，请与广东科技出版社印制室联系调换（电话：020-37607272）。

目录 | CONTENTS

栏目说明

 关键词汇： 本书已对这些词语作出简单易懂的解释，能够帮助读者扩充专业词汇储备，增进对于书本内容的理解。

 知识窗： 正文周围的附加内容是为了提供更多的相关信息，可以帮助读者积累知识，洞见真意，探索各种可能性，全方位开拓读者视野。

 进阶阅读： 这些内容有助于开拓读者的知识面，提升读者阅读和理解相关领域知识的能力。

 章末思考： 这些问题能促使读者更仔细地回顾之前的内容，有助于读者更深入地理解本书。

 教育视频： 读者可通过扫描二维码观看视频，从而获取更多富有教育意义的补充信息。视频包含新闻报道、历史瞬间、演讲评论及其他精彩内容。

 研究项目： 无论哪一个章节，读者都能够获取进一步了解相关知识的途径。文中提供了关于深入研究分析项目的建议。

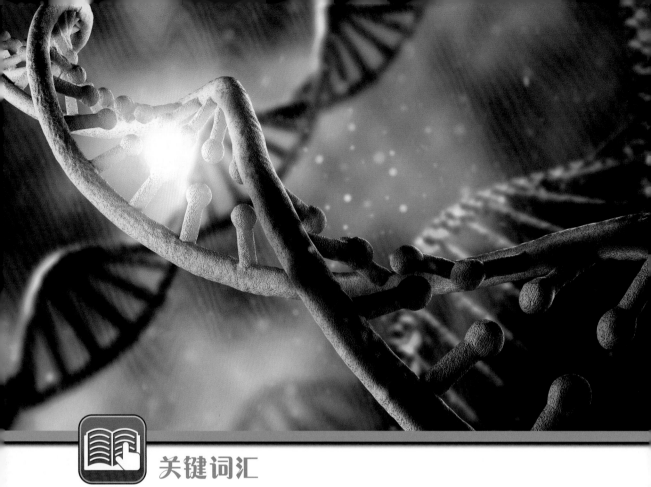

关键词汇

基因 —— 细胞的一部分，可控制或影响生物的外表和生长等。

基因工程 —— 改变动物或植物基因以达到预期结果的科学。

选择育种 —— 为了得到某种理想特征或消除某种特征而有意将两种动物或两种植物进行杂交来培育后代。

DNA —— 脱氧核糖核酸，动植物细胞中携带遗传信息的分子。

离心机 —— 利用旋转离心力分离不同密度的物质或部分物质的机器。

凝胶电泳 —— 借助外电场的作用，在凝胶介质中移动分子（如蛋白质和核酸）并根据分子大小将其分离成带的过程。

GMO —— 转基因生物，遗传物质被基因工程改变的动物或植物。

第一章　基因工程

　　你是否曾经好奇过，为什么你有着跟母亲相似的蓝眼睛，而姐姐却长了一头叔叔那样的卷发？其实我们身体的许多特征都是由基因决定的。基因是细胞的一部分，能够控制生物特征，而这些特征都来自我们父母，甚至祖父母的遗传。简单来说，基因就像是说明书一样的化学物质，它们告诉我们生物如何成长发育，如何完成生命进程。

　　现今，科学家们对遗传学的了解越来越深入。随着认识的日益加深，科学家们有能力改变或者"设计"基因以产生特定的性状——不仅是人类，还有其他物种也不例外。如今我们已经能够直接对基因进行操作，通过添加、移除以及改良基因来培育出理想类型的动植物，这便是基因工程，或者称为基因改良。我们可以对某一物种，甚至不同物种的基因进行"剪切""粘贴"，例如，我们可以将鱼的基因注入植物细胞中。

　　本书将介绍人类是如何处理基因信息的，进而引发人类对基因工程中一些关键性问题的思考。许多情况下也许没有"正确"答案，但作为公民的我们若想在未来的基因领域发挥积极的作用，就必须正视这些问题。

　　本书并不会告诉你如何思考，而是为你提供一些科学背景，列出不同的观点以及需要斟酌的问题。这样你便可以思考与讨论这些问题，进而形成自己的观点，并能够解释和捍卫自己的观点。

你的许多身体特征都是经遗传获得的，这就是你和你的家庭成员拥有某些相同特征的原因。

基因工程在自然界的运用

数百年前，人类已经开始培育带有目标特征的动植物。农民会挑选出羊毛最浓密的绵羊来进行繁殖，而那些羊毛稀疏的绵羊则可能沦为食物。此外，他们把最饱满的小麦植株的种子收集起来，留作下次播种之用。这种用特定个体进行繁殖的方式称作选择育种。

从历史角度来看，牲畜和作物都已经历了数百年的选择育种。但是我们直到现在才知道我们想要的动植物特征其实是由基因控制的，所以我们正在探索特定动植物中有哪些基因控制了相应的特征。

在中世纪，人们根据速度、力量和追踪猎物的能力等优势来培育猎犬。尽管当时无人理解选择育种如何发挥作用，但人类已经能通过这个方法培育出想要的动物。

代际间的遗传学

所有动植物都从其上一代那里继承了部分特征。生物的外貌特征和生存方式代代相传。动植物的某些特征是固定不变的，例如，所有的乌鸫都有两条腿和一只鸟喙。但另外一些特征则在个体间存在差异，例如，有些西班牙猎犬是棕色的，而有些则是白色的。

每个动植物的"配方"都由其基因决定，这不仅包括那些普遍相同的特征信息，也包括在个体间存在差异的信息。基因通过繁殖从上一代传到下一代。细胞经过数次的分裂之后形成生物体，而在每一次分裂过程中，原细胞中的基因都会被复制到新的细胞里。

但是，人类的所有特征并不都由基因决定。某些特征还与成长过程、居住地、饮食习惯以及人生经历等其他因素有关，这些因素统称为环境因素。比如，即便你拥有高个子基因，但如果你营养不良的话，也许就不能长得那么高。

DNA和基因

想象一下，如果要将数千个零部件组装成一个复杂的机器，你会需要一本说明书来辅助组装。然而，生物体可远比机器复杂得多，它由数十亿个部件组成，因此它也需要"说

> 人体每个细胞中的DNA长度几乎可以达到1.5米，若将人体内所有的DNA连接起来，其长度相当于从地球到太阳（距离约1.5亿千米）往返40次。

明书"才能生存、成长和发展。

机器的说明书通常写在纸上，而生物体的"说明书"则依靠一种名为脱氧核糖核酸（DNA）的分子，这是存在于每个细胞中的编码序列。1953年，詹姆斯·沃森和弗朗西斯·克里克发现，DNA看起来就像一段螺旋状的长梯，因此称为双螺旋结构。双螺旋结构十分重要，因为DNA为双螺旋结构，基因才能够进行复制，继而制造出生物体。

如果DNA是"说明书"，那基因则是"说明书"中介绍如何制作产品特定部件的"章节"。在DNA编码序列中，基因组成了编码序列的各个部分。因为机器的说明书形体够大，我们才可以肉眼阅读。

格雷戈·孟德尔被称为遗传学之父。他是向世人展示生物特征如何在代际间进行遗传的第一人。

但是基因却很微小，只能用特殊的显微镜才能看见。生物体中的基因，无论是雏菊、蠕虫，还是树木、鲸鱼，都是DNA的片段；片段结合在一起，共同组成了这本"说明书"。

基因如何运作

所有的生物体都由细胞组成，就像积木一样。细胞非常微小，小小的字母"o"当中就能装下10 000个细胞。人体中的细胞数量高达372亿，而DNA基因片段甚至比细胞还小，细胞于基因而言就像是一个巨大的"生命工厂"。

每条DNA链都由更小的片段，即叫作碱基的亚基串联在一起组成，类似于用珠子串成项链。正如字母按一定顺序排列便能组成有意义的单词，碱基按一定顺序排列组成编码就能传递信息。我们有26个字母来创造单词，但是DNA只有4个碱基，分别是腺嘌呤（A）、鸟嘌呤（G）、胞嘧啶（C）和胸腺嘧啶（T）。基因组成了DNA双螺旋的部分，每个基因包含成百上千个有序的碱基，因而可以携带巨量信息。人体全部基因中共有31亿对碱基。

基因要发挥作用，其碱基的顺序必须要复制到另一物质中，该物质与DNA极为相似，它就是核糖核酸（RNA）。RNA随后会转移到细胞中的另一个地方，就像工人进入工厂一样，在那里开始工作。按照原始基因的指令，RNA将各种不同物质或原材料收集起来并按正确顺序将其固定。

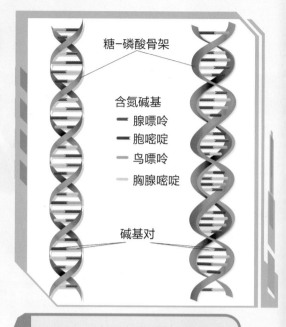

糖-磷酸骨架

含氮碱基
— 腺嘌呤
— 胞嘧啶
— 鸟嘌呤
— 胸腺嘧啶

碱基对

DNA由两条长链构成，形成双螺旋形状，就像扭曲的梯子。构成遗传信息代码"字母"的碱基就好似梯子的梯级。

基因生成物

基因通过上述的动作程序，可以生成人体中的物质或蛋白质，例如控制人类眼睛颜色的物质。如果某个人体内控制眼睛颜色的生成物是蓝色的，那他/她的眼睛就是蓝色的；如果在另外一个人体内控制眼睛颜色的基因碱基顺序有些许不同，产生的生成物是棕色的，那么这个人就会拥有一双棕色的眼睛。

人体中共有19 000种不同类型的基因。每个微小的细胞中都包含所有基因。但在单一细胞中，只有部分基因是"开启的状态"，而剩余基因都是处于"关闭的状态"。

染色体（高倍放大图），成对排列并继承于父母双方的各一半。人类每个细胞中都有23对染色体。

对眼睛来说，控制眼睛颜色的基因都是"开启的状态"，可以制造相应的生成物，而其他基因都是"关闭的状态"，不制造生成物。细胞包含全部类型基因，这一点对基因工程而言十分重要。

基因工程

每一种动物或植物，例如绵羊或苹果树，其DNA中都有数以千计的基因，呈浅色胶带状。我们可以通过化学手段取出DNA。在基因工程中，DNA可以被切分成更短的片段，以研究某一段具体包含哪些基因。接着就可以改变、移动或去除某个基因，甚至可将其注入另一个生物体。

只需要从生物体上取下极小一部分，例如一缕头发、一片皮肤或者一片花瓣，我们就能获取基因，因为这小小的一部分就已经包含数百万个细胞，而每个细胞中又包含着该生物体的全部基因。

基因鉴定的第一步是用化学制品加热细胞，分离细胞内含物。随后利用离心机（类似旋转式脱水机）高速旋转细胞内含物，将其分层。DNA层为浅白色薄层，就像湿润的棉絮，而且DNA丝状物可缠绕在玻璃棒上。

加入各种称为限制酶的蛋白质并加热后，DNA长链可被切分为更短的片段。将DNA片段添加到更多的蛋白质中，随后放入透明凝胶并通电。电流使得DNA的不同片段在凝胶中移动不同的距离，这个过程即为凝胶电泳，该过程会创造出类似于超市条形码的一排线条。通过这种方式能够鉴定DNA片段，从而识别基因。

DNA"指纹鉴定"也许很快就能取代传统指纹鉴定。即使只有血液、皮肤或者头发的微量样本，我们也能利用其中的DNA来鉴定出罪犯或受害者的身份。

将基因注入其他生物

DNA片段是基因或基因的一部分。在鉴定了DNA特性之后，可利用一种称为噬菌体的微生物将其"携带"入另一生物中。噬菌体其实是一种病毒，将噬菌体和新基因的复制品一起放入烧瓶，一部分噬菌体会将新基因吸收到自己体内，随后便可将噬菌体注入其他细胞，比如动物细胞中。

噬菌体非常小，它们可以进入细胞中并为其添加新基因。随后利用电流刺激细胞，使其不断分裂出更多相似细胞。细胞不断分裂，最终发育成一个完整的生命体，即转基因生命或转基因生物（GMO）。

基因工程的好处与风险

假设科学家们对某种种子数量多且饱满的植物进行研究，他们将该植物中影响种子数量和大小的基因取出来并做鉴别，随后把这种基因注入另一种没有该基因的植物中。基因在新"家园"中开始发挥作用，使得第二种植物结出数量更多且更饱满的种子。如果这种植物是农作物，这个过程毫无疑问会为农民带来极大收益。但是基因学无比复杂，事情也许会出现偏差，而且确实也时有发生。基因工程的确会带来巨大回报，但是也可能会带来不可想象的危险。

人类基因组结构

2003年4月，人类基因组组织（HUGO）的科学家列出了人体全部的遗传物质，这套完整的基因被称为人类基因组。时任美国总统的比尔·克林顿称其为"人类绘制出的最美妙的地图"；时任英国首相的托尼·布莱尔则表示"这是一个重大突破，为日后的巨大进步开辟了道路"。但是，尽管我们在人类基因学方面已经迈出了重要的一步，我们依

知识窗

基因工程为人类带来的好处

- 帮助人类了解、预防并治愈多种疾病。
- 找到使伤口愈合得更快的方法。
- 探索人类如何进化。
- 帮助理解人类的不同特征。
- 通过皮肤或血液等身体组织的微量样本确定人的身份。

然没有完全弄清楚每个基因的功能以及基因运作的方式。

我们从人类基因组中得到的信息有助于我们更深入地理解人体如何运作。如今，我们已经能够判断某人是否会患上某些疾病，甚至能够预防和治愈一些遗传疾病。

伦理问题

我们已经可以将身体组织的微量样本（如头发、血液或皮肤）的DNA与已知人的DNA进行交叉匹配。这种技术可以帮助我们确定战争、灾难或犯罪行为的受害者，并证明人与人之间是否存在关系。

通过研究一个人的DNA就有可能获取这个人的大量信息，这引发了我们对于自身权利的思考，让我们对哪些事情该做而哪些事情不该做感到疑惑。比如，我们对自己的遗传信息是否享有隐私权？如果某人提前知道自己即将患上某种重病，会对当事人产生何种影响？改造其他动植物的DNA是否安全，是否正当？谁将拥有遗传信息或从中获利？在阅读本书的过程中，您将有机会探索以上及其他伦理问题。

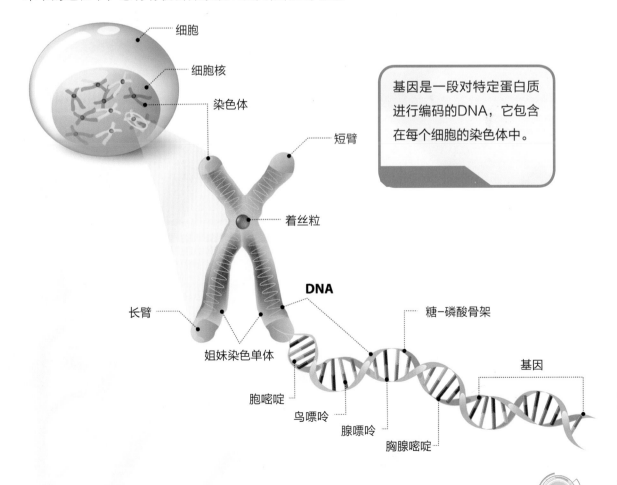

基因是一段对特定蛋白质进行编码的DNA，它包含在每个细胞的染色体中。

 章末思考

1. 解释DNA与基因的区别。
2. 描述基因工程所包含的步骤。

 教育视频

本二维码链接的内容与原版图书一致。为了保证内容符合中国法律的要求，我们已对原链接内容做了规范化处理，以便读者观看。二维码的使用可能会受到第三方网站使用条款的限制。

扫描二维码，观看关于基因学基础知识的视频。

研究项目

当被蓝光照射的时候，兔子阿尔巴（Alba）就会发出盈盈绿光。这是因为兔子体内被注入了水母的基因，这种基因能让水母在黑暗的海洋中自然发光。这只由爱德华多·卡茨创造的荧光兔被称为"生物艺术"，她看起来既健康又快乐。但是人类能够接受这种形式的基因工程吗？

利用互联网或学校图书馆了解生物艺术的话题，然后回答以下问题：通过基因工程在动物身上创造艺术这一做法是否正当？

一些人认为这是可以接受的。因为艺术就是真理和生活的表达形式，在动物身上创造艺术不仅美好，而且还是一种社会情感表达。如果动物没有受到伤害，那么这与动物园等已有形式并没有什么区别，后者同样是使用生物来表达情感或唤醒意识。

另一些人则坚称，对动物做出非自然改变是不正当的。因为这会使动物不得不经受对它们来说毫无益处的医疗过程。人类不会用这种方式来对待自己的同类，所以也不该为了单纯取乐就用这种方式对待动物。

写一篇两页的报告，使用研究得出的数据来支持你的结论，并做一次课堂展示。

关键词汇

生物技术 —— 利用活细胞、细菌等来制造有用产品（如不易被害虫破坏的农作物或新型药物）的技术。

拼接 —— 将电影片段、磁带或基因等首尾相连拼在一起。

免疫 —— 接种疫苗以预防感染某种疾病。

激素 —— 一种在身体内部产生并能影响身体生长发育的天然物质。

第二章　生物技术

生物技术既是一门科学，也是一个产业。它将生物学、生物科学与技术、工业科学以及机器科学等结合在一起，旨在生产更实用的产品来改善人类生活质量。

简单来说，生物技术可以追溯到几百年前的选择育种。例如，制作面包需要一种叫作酵母的微生物。当面团在烘箱中烘烤时，酵母释放出二氧化碳气体，产生微小的气泡，使面包"隆起"，并形成独特的海绵状结构。

另一个传统生物技术的例子是啤酒和葡萄酒的发酵。酵母在这里派上用场，如同小型的"生物工厂"一般运作，酵母细胞会自然排出一种"废物"——酒精，这是啤酒和葡萄酒中最重要的成分。酵母细胞像工厂一样生产无数酒精，但这些酒精是通过有生命的过程而非机械过程生产的。

数百年来，人类已经选定了各种用于制作面包、啤酒和葡萄酒的酵母。如果出现新型酵母，并且用它制作的面包和酒更美味可口，人类便会把这种酵母保存起来，以便以后使用。

有时候人类会将不同种类的酵母混合，试图结合各自的优良基因。然而这种选择性培育不仅耗时久，而且偶然性大。

生物技术是一门广泛的学科，它利用生物或生物的成分生产有用产品，或为人类提供某种服务的技术。生物技术人员开发出的新产品或技术可运用于科研、农业、工业和临床中。

快速拷贝

当细胞分裂时，其基因的DNA会被复制，分裂后的两个细胞都会拥有一条完整的基因链，该过程可以为基因工程实现DNA的多重拷贝。但是这种通过"细胞生长"复制基因（DNA片段）的过程非常缓慢，并且期间会出现细胞死亡或DNA发生变化的情况。在20世纪80年代后期，人们开发了一种新的技术，称为聚合酶链式反应（PCR）。该项技术远比"细胞生长"来得迅速、稳定，在数小时内就能制造出基因（DNA片段）的百万个拷贝。聚合酶链式反应现已成为基因学研究中不可或缺的部分。

聚合酶链式反应（PCR）技术研发于20世纪80年代，可以迅速、高效地复制基因（DNA片段）。

基因工程生物技术

基因工程生物技术（GE biotech）并不是简单地把纯天然的酵母、细菌和其他微生物用作"生物工厂"。科学家们可以通过移植其他生物的某种特定基因，对这些细菌和微生物进行基因转移或改造，整个过程不仅迅速而且精确。

基因工程生物技术的本质和其他基因研究方法类似。首先，研究能够制造有用生成物的生命体，明确其体内控制生成物产生的基因。然后，将该基因分隔为一个或多个DNA片段，把这些DNA链移植或"拼接"到微生物等其他生命体中，使这些生命体成为制造上述有用生成物的"生物工厂"。这样微生物不仅能生产对自己有用的物质，也能生产对人类有益的物质。

知识窗

转基因香蕉

　　香蕉是进行基因研究的主要食物之一。通过基因工程，也许可以使香蕉含有让人类免疫或免受疾病侵害的疫苗，这样人们就无须再注射疫苗了——只要吃"转基因香蕉"即可！选择香蕉的原因是它可以广泛种植，并且香蕉皮能够确保香蕉在食用时干净卫生。此外，大多数儿童和成人都喜欢香蕉，其价格也不昂贵。另一个不太受欢迎的选择是采用转基因卷心菜。

生长激素

人体的生长发育是由一种叫作生长激素的天然化学物质控制的。有些人没有足够的生长激素，因而生长发育迟缓，但现在他们可以通过注射额外的生长激素促进身体生长发育。在此之前，这种激素需要从尸体中提取，成本极其高昂。如今，转基因细菌能以较低成本制造出大量生长激素。这意味着更多生长激素不足的人可以接受治疗并实现正常生长发育。

经过基因工程改造的微生物在一种浑浊的营养液或"营养汤"中进行培育，其生长的容器称为生物反应器。它们产生的生成物需进行过滤和提纯才能使用。

大肠杆菌

基因工程生物技术利用微生物作为生产物质的微型"工厂"，其中一种主要微生物为大肠杆菌。大肠杆菌是一种单细胞生物，长度约为10微米，容易在容器内的营养液中迅速繁殖。

 知识窗

生物技术专利化

科普杂志《科学美国人》这样阐释生物技术产业的起源："1980年，美国最高法院裁定对用基因工程创造的生命申请专利是合法的，这促进了生物技术产业迅猛发展。"这为基因工程的商业化带来了巨大的可能性。该领域的第一项专利被授予埃克森美孚石油公司，该公司为一种分解石油微生物申请了专利，这种微生物后来被用于1989年阿拉斯加州威廉王子湾埃克森石油泄漏事件的清理工作。在那之后，越来越多的基因克隆和转基因药物等领域的研究被授予专利。

在培养容器中，数十亿的转基因大肠杆菌每20～30分钟就会分裂一次，替代死亡细菌，保持总体数量。当新的基因被移植到它们体内时，大肠杆菌会听从转入基因的"指令"生产特定物质。然后，这些物质会被过滤、提取、净化以供使用。

基因工程生物技术医疗产品

基因工程生物技术的早期成功案例之一是生产胰岛素。糖尿病患者缺乏胰岛素，这种激素能够控制人体运用主要能量来源——糖的方式。因此，糖尿病可能会让患者变得非常虚弱甚至死亡。

为了维持健康，糖尿病患者需要经常注射胰岛素来降低血糖水平。在过去，用于注射的胰岛素是从猪这类农场动物体内提取的。然而，这类胰岛素与人体胰岛素略有不同。在20世纪80年代，人们发现了制造人类胰岛素的基因，并将其移入大肠杆菌。大肠杆菌能够听从这种基因的"指令"，制造可用于注射的人体胰岛素。

在诸如人类基因组计划之类的基因研究中，血液和其他人体组织的样本被保存在零下320华氏度（零下196摄氏度）的液态氮中。

基因工程生物技术也能用于生产凝血因子，这种凝血因子可以使血友病患者恢复正常的凝血功能。如果使用凝血因子治疗，血友病患者便可避免输血的需要——输血可能会导致患者因输入受污染的血液而感染疾病，如艾滋病和肝炎。

经过基因工程处理的微生物，能够制造抑菌和阻断传染病的抗生素药物。它们还可以生产药物干扰素，用于治疗由病毒引起的疾病，甚至治疗某些癌症。一些用于婴幼儿终生预防疾病的疫苗也是基因工程生物技术的产品。

基因工程生物技术食品

基因工程的另一个研究领域是将药物、疫苗或其他有益产品的基因移入农作物中。这样，人们可以通过食用这些食物来治疗疾病。但是，如果这些转基因食品看起来和天然食品一样，那么不需要治疗疾病的人可能会误食它们。

研究还表明，像植物一样，绵羊和山羊之类的农场动物也可以被植入基因，从而制造出药物或类似产品。我们能够从其乳汁中获取对人类有益的成分，比如用来治疗过度凝血的药物——抗凝血酶。

一种叫贻贝的贝类能够牢牢地吸附在岩石上。通过收集并研究经过基因工程改造的贻贝，将有可能研发出新型的超级胶水。

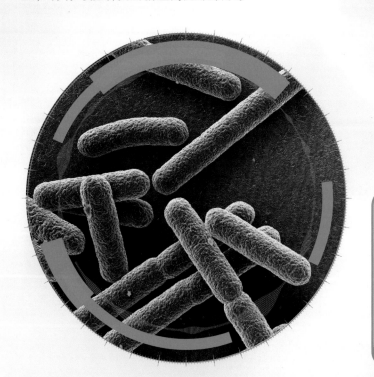

图为高倍数镜头下的大肠杆菌。这种常见的细菌可以通过基因工程来制造对人体有用的激素，例如胰岛素。

人们种植油菜和向日葵这类植物，用于获取植物油。如果对它们的基因进行改造，令其生产的油适用于特殊改装的发动机，将有可能减少空气污染并节省石油和天然气资源。

转基因细菌比天然细菌分解污水和类似废弃物的速度更快，其可能会有助于解决废物处理和水污染的问题。

章末思考

1. 描述基因工程生物技术应用的基本步骤。

2. 列出两项基因工程生物技术医疗产品，以及两项通过动植物方式获益的基因工程生物技术。

 教育视频

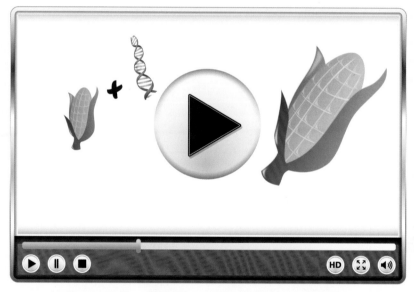

本二维码链接的内容与原版图书一致。为了保证内容符合中国法律的要求，我们已对原链接内容做了规范化处理，以便读者观看。二维码的使用可能会受到第三方网站使用条款的限制。

扫描二维码，观看基因工程生物技术应用的视频。

研究项目

　　基因工程生物技术能够造福人类健康，但如果被有心之人用于不良意图，它也会造成巨大危害。一些恐怖分子就曾利用炭疽等生物制剂散播疾病并导致多人死亡。

　　利用互联网或学校图书馆了解生物技术的相关话题，并思考以下问题：生物技术是否利大于弊？

　　一些人认为生物技术利大于弊。因为生物技术在医疗、环境保护等方面发挥着积极作用。尽管生物武器曾经导致不少人伤亡，但与之相比，仍有更多的生命被生物技术挽救。

　　另一些人则认为，生物技术弊大于利。尽管生物技术在人类健康等领域的积极作用很明显，可一旦恐怖分子掌握基因工程生物技术，便可以伤害无数民众，在日常生活中造成恐慌。并且，如果相关部门对基因工程生物技术监管不力，药物等产品在将来可能会产生副作用。

　　写一篇两页的报告，使用研究得出的数据来支持你的结论，并做一次课堂展示。

关键词汇

基因疾病 —— 一种医学疾病。在这种疾病中，指导生产某种蛋白质的基因发生变化，因而导致这种蛋白质不能正常工作或完全缺失。

突变 —— 遗传物质发生永久性的变化。

隐性基因 —— 只有与相同的基因配对时，才会在生命体中表现出其性状特征的基因。

显性基因 —— 不管与相同的基因是否配对，都能在生命体中表现出其性状特征的基因。

基因治疗 —— 一种治疗疾病的方法，治疗过程通常包括用改造后的健康基因取代相应的突变基因。

干细胞 —— 体内的一种简单细胞，它能够分化成各种细胞（如血细胞、皮肤细胞等）。

优生学 —— 通过控制婚配生育来改善人类基因的科学。

第三章　人体基因工程

　　每个人的身体都始于其母亲子宫内的一个受精卵。这个细胞包含了所有需要的基因，使其成长为一个新生婴儿，然后发育成一个成年人。但在少数情况下，基因在细胞发育过程中会发生改变，从而影响其制造蛋白质的"指令"，最终可能导致基因疾病，从而影响人的健康及其正常生活。每100个婴儿中有1~2个婴儿出生时便患有基因疾病。

　　人体的基因不仅影响身体结构的完整，而且对人的发育和成长过程具有指导作用。如果人体基因发生细微改变，例如基因缺失或基因异常，人体可能就无法正常发育或成长。

　　我们已发现数千种不同的基因疾病。其中有些对健康几乎没有影响，尽管它们可能显而易见，例如皮肤上被称为胎记的红色标记、多指（趾）。而其他一些基因疾病则可能导致严重的健康问题，例如，如果心脏不能以正常方式发育，它可能无法有效地将血液泵送到身体各个部位。

基因突变

　　在起始阶段，一个受精卵分裂成两个细胞。然后，这两个细胞各自再分裂为两个细胞，依此类推。细胞总数逐步变为4、8、16、32，并逐渐增加到数百、数千直至上百万，构建出完整的人体并慢慢成长。

每个家长都想要一个聪明、健康、才华横溢的孩子。但是使用新兴的基因技术来"制造"儿童是否合适呢？

细胞每次分裂时，其一整套基因都会被复制，因为形成基因的DNA片段能够精确地复制自己，所以每次分裂所形成的两个细胞都各自拥有一整套基因。

在极少数情况下，这种复制过程也会出错。某个基因可能会发生变化、缺失，或出现在整个序列的错误位置，这种变化被称为**突变**。基因突变的原因尚不清晰，但在某些情况下，一些已知因素会干扰基因复制，如细菌、有害药物、化学物质以及放射性射线。

遗传性基因疾病

无论是在母亲子宫内生长时，还是在出生后甚至在更晚的时期，人体都可能患上基因疾病。但在某些情况下，这种疾病一开始就出现在小小的受精卵中，它是由父母一方或双方遗传下来的。这种基因疾病被称为遗传性基因疾病，其患病形式多种多样。

卵子与精子结合的过程被称为受精，二者结合后的细胞被称为受精卵。受精卵含有两套人类基因，其中一套来自提供卵子的母亲，另一套来自提供精子的父亲。由于受精卵具有两套完整的基因，所以诞生的人体中的每个细胞都具有两套基因。换句话说，基因都是成对出现的。

我们的人体细胞通过有丝分裂（或称为细胞分裂）来进行更替。有丝分裂共分为六个阶段。在细胞分裂之前，细胞核中出现染色体，染色体数量增加一倍（分裂前期）。每一对染色体随后排列在细胞中间（分裂前中期）。接下来，每一个染色单体被拉向细胞的相对两极（分裂中期）。姐妹染色单体移动到细胞的相对两极（分裂后期），并在每个新细胞中形成新细胞核（分裂末期）。最后整个细胞分裂开来（胞质分裂）。新细胞的染色体数量与原始细胞的染色体数量完全相同，并且遗传物质保持不变。

有丝分裂

分裂间期

分裂前期

分裂中期

分裂后期

分裂末期

胞质分裂

镰状细胞性贫血

某些基因疾病并不能轻易就观察到，但它们可以极大地影响我们身体的运作方式。例如，我们通过呼吸从空气中获取氧气，氧气通过我们的血液传送到身体各个部位，有一种基因疾病叫作镰状细胞性贫血，患有此种病症的患者的血液无法正常地输送氧气，这会导致严重的疾病甚至死亡。

有时候，一对基因中其中一个发生突变，但另一个是正常的。 在某些情况下，正常的基因可以正常发挥作用，因为突变的基因对其"让步"。这种会"让步"的基因被称为**隐性基因**——它只在与另一个隐性基因配对时才会表现其特征。 在另一些情况下，突变的基因不会"让步"，而会"占据优势"，它不允许正常的基因发挥作用，这种突变的"占据优势"的基因被称为**显性基因**——其特征总是会表现出来。如果突变的基因是显性的，则可能会导致诸如结节性硬化症等影响皮肤和大脑的疾病。

在极少数情况下，父母双方分别将一个突变的隐性基因传递给他们的孩子。在这种情况下，没有正常基因可以使隐性基因"让步"，就可能造成诸如镰状细胞性贫血等疾病。

有超过1 500种不同的疾病是由父母一方遗传的单个基因突变导致的。还有数千种疾病不是由一个突变基因引起，而是由两个或更多突变基因引起——这些疾病被称为"多基因疾病"。

眼睛的颜色是由一个特定基因决定。基因不同，眼睛的颜色也就不一样。

基因与家庭

众所周知，基因在许多疾病中起着重要作用，但是有多少基因参与其中，或者基因究竟如何导致这些疾病并不总是那么清楚明了。例如呼吸疾病哮喘、皮肤疾病湿疹、各种过敏症和某些类型的心脏病，我们称这些疾病是"家族遗传的"，而医生可能会保守地说有"遗传倾向"或"遗传因素"。

预测基因疾病

基因疾病从父母传给子女的方式以及对健康的影响差异很大。但是有很多方法可以预测它们，发现它们，并治疗它们。

有时候遗传咨询师可以预测基因疾病。如果父母双方的亲属患有某种基因疾病，遗传咨询师也许可以推测他们的宝宝患有这种疾病的概率，或用准确术语进行表述，例如"四分之三"的风险。如果只有父母一方患有这种疾病，或者这种疾病只发生在亲戚身上，比如兄弟或阿姨，那么宝宝患病的风险较小。

有时候，遗传咨询师会建议父母双方对血液或身体其他部位进行检测。正如我们所看到的，基因是成对出现的，很有可能一个基因是突变的，而另一个基因是正常的。如果不经过检测，父母也许就不会知道他或她携带了突变基因，并且是可能会遗传给下一代的基因。

通过一个简单的检测如口腔采样，就可以告诉你是否携带可导致囊性纤维化或唐氏综合征等疾病的遗传缺陷。

囊性纤维化的基因治疗

每2 000名儿童中会有一名儿童患有囊性纤维化（Cystic Fibrosis，CF）疾病，导致这种疾病的基因已经被确定是一种能够控制制造保护肺内部黏液的基因。突变的基因会使黏液比正常情况下黏稠得多，因而堵塞肺部并引发咳嗽、感染和许多其他健康问题。

有一项针对囊性纤维化的基因检测，可以让一对夫妇在怀孕前便得知他们是否携带导致囊性纤维化的突变基因。如果夫妇双方都有一个隐性的囊性纤维化基因，那么他们的孩子会有四分之一的可能性患上囊性纤维化疾病。

一对携带囊性纤维化突变基因的夫妇想怀孕时，可以选择提前检测母亲卵子的基因，进行孕前检测，还可以通过使用不含囊性纤维化基因的捐赠精子或卵子来规避患病风险。如果他们不想知道相关情况的话，也可以不检测基因。

如果父母发现他们的孩子患有囊性纤维化疾病，可以选择进行基因治疗。使用"载体"，如基因工程的病毒将正常的黏液制造基因添加到肺部细胞当中。然而，事实证明治疗成功的概率很低。某些肺细胞会吸收新基因并在一段时间内正常工作，但最终这些健康细胞会凋亡，并被具有突变基因的细胞所取代，那时问题又会重新出现。

基因疾病的治疗

当胎儿仍然在子宫内时，某些基因疾病便可以检测或治疗。还有些基因疾病可以在孩子出生后通过外科手术或药物治疗，这可能会让孩子过上正常的生活，但对于某些疾病而言，长期效果并不那么乐观。这些疾病不仅可以影响孩子成长过程中的健康状况，还会影响学校教育和家庭生活等诸多方面。

如果一对夫妇已经知晓他们患有基因疾病，并且可能传给他们的后代，那他们就需要了解疾病的风险和治疗的可能性。他们可能非常想要生育后代，并且决定无论基因疾病带来什么问题，他们都会坚持照顾孩子。也有的夫妇会考虑不生育自己的后代，而是通过收养婴儿或者使用捐赠的不含突变基因的精子或卵子生育孩子。

困难的抉择

胎儿很小时便已经能够检测出一些严重的基因疾病，例如脊柱裂，即脊髓和大脑的神经发育不正常。如果发现这种情况，一些父母可能会考虑终止妊娠，即人工流产。但有些父母可能仍然会选择生下孩子，并为这样的孩子提供必要的额外照顾。即使他们不能过上"正常"的生活，但这些孩子仍可以像许多人一样，与家庭成员相亲相爱。

世界上关于这个问题的看法差别很大。有些国家将人工流产列为医疗系统的一部分，而另一些国家则立法禁止在子宫内终止胎儿的生命。有人认为人工流产是挽救儿童及其家庭免受痛苦的一种方式。但有些人，特别是有宗教信仰的人，则相信每个人都要经历自己独特的斗争，有些斗争十分残酷，但每个人都拥有生命权（在大多数情况下，一位母亲可以选择对自己的身体做她自己想做的事情，但若涉及另一个人的生死，即使那个人是她身体里的胎儿，她也不应拥有选择权）。

基因治疗

人的基因存在于身体的每个微小细胞当中，如果在最初的受精卵中就存在基因突变，那么人体每个细胞的基因都将具有相同的基因突变。科学家们正试图通过一种被称为**基因治疗**的新型治疗方法来纠正这些突变。

几乎身体的每个部位每天都会制造数百万个微小的新细胞，以替代那些凋亡的细胞。如果患有基因疾病，那么所有这些细胞都会具有相同的突变基因。基因治疗的目标就在于用正常基因替换受影响的基因，或者植入不含有突变基因的新细胞。然而，"修复"一种基因却不知道它是否可能对其他基因产生新的影响，更不清楚是否会影响婴儿的发育，这是十分危险的事情。因为我们可能会通过治疗一种基因疾病而创造出另一种基因疾病。

干细胞

解决前面难题的方法之一是在胎儿出生前进行治疗，当时身体的许多细胞尚未分化以从事特定的功能。这些未分化的细胞被称为**干细胞**，可以发育为身体的任何部位——皮肤、骨骼、血液或肌肉。它们有可能被用来培育表皮移植的组织、输血或移植骨髓。干细胞经过基因治疗后，能永久性正常工作的概率很高。这些改变后的基因可以遗传到由干细胞发育的所有细胞中。就囊性纤维化疾病而言，形成正常黏液的基因可能会持续多年甚至终身遗传至肺细胞。

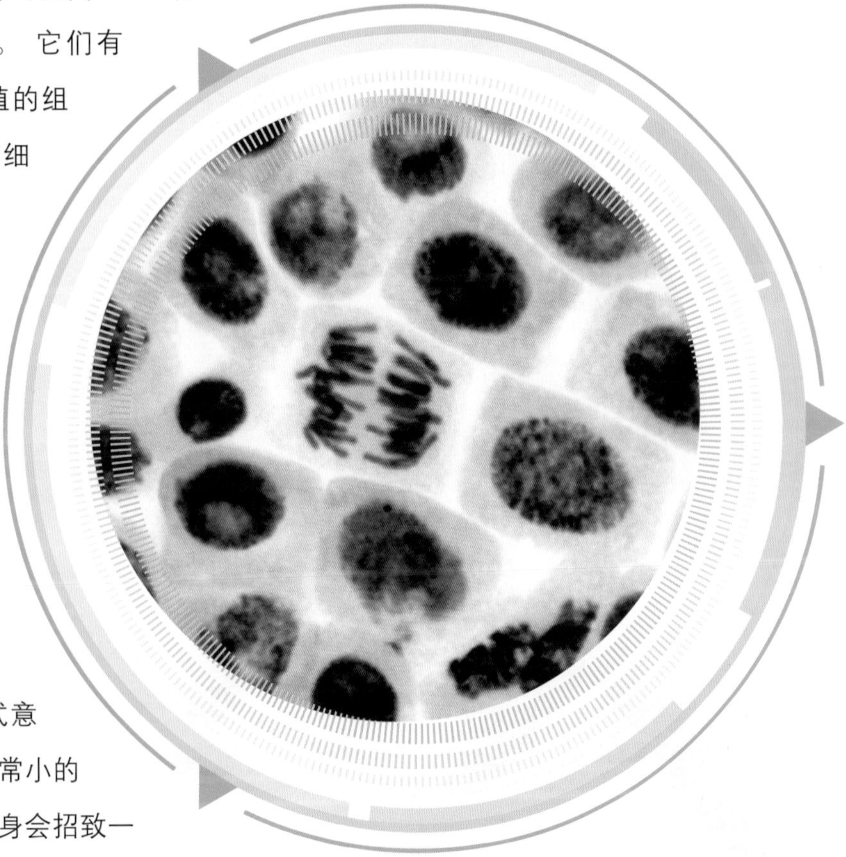

然而，这种治疗方式意味着要在子宫内对一个非常小的胎儿进行基因检测，这本身会招致一些风险和问题。关于囊性纤维化疾病和许多其他基因疾病的研究进程一直很缓慢，迄今为止研究尚无较大进展。

胚胎干细胞——如上图中心位置处于有丝分裂过程中的细胞，它不仅可以成长为婴儿，还可以被用于其他目的，例如培育新的皮肤或器官。如今，是否可以在基因研究中使用体外受精的"多余"胚胎仍存在分歧，因为这些胚胎可能会在其他条件下生长发育成人。

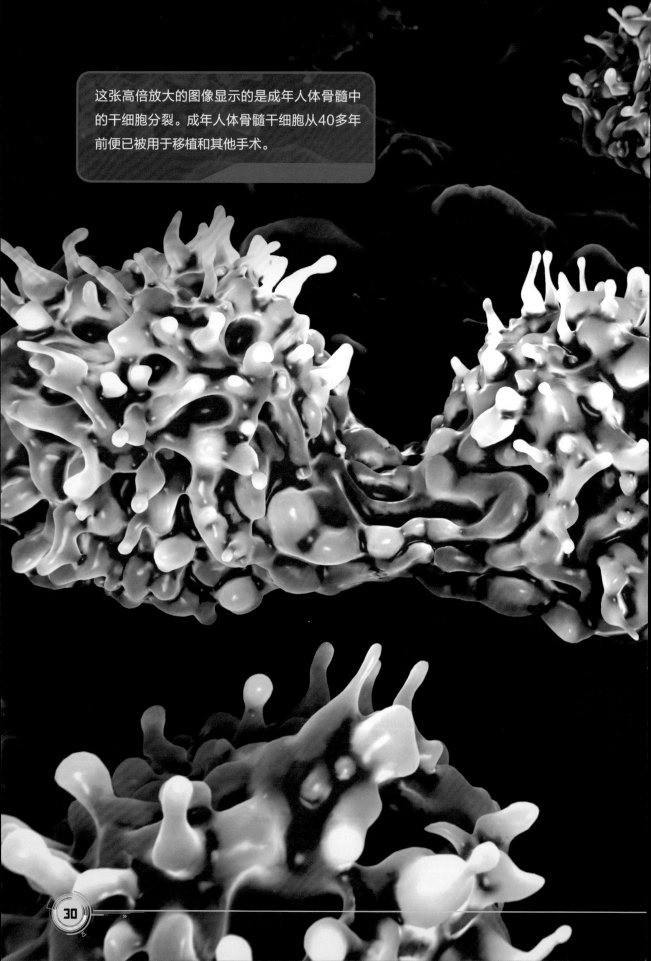

这张高倍放大的图像显示的是成年人体骨髓中的干细胞分裂。成年人体骨髓干细胞从40多年前便已被用于移植和其他手术。

选择特性

了解基因工程可以让我们有机会选择我们想要的孩子，这让我们不局限于让孩子免于残疾或治疗致命的疾病，有些人可能会试图选择其他影响力较小的特征。在某些情况下，人们已经可以选择生男孩还是女孩， 将来也许可以选择让小孩拥有蓝眼睛或具有更多的运动天赋。有些人认为，用基因工程的方式干扰自然选择是错误的；但也有人认为，考虑到更极端的情况，如果有机会阻止某人患病却不采取行动才是大错特错。

优生学

优生学认为可以通过选择性繁殖和节育技术来改善人类种族。1883年，查尔斯·达尔文的表弟弗朗西斯·高尔顿作为优生学的支持者，开创了优生学运动。该运动试图通过实施严格的《反堕胎法》并强制执行计划生育，对那些被视为"劣等"而"不适合"进行繁殖的人进行绝育，以保持健康、适当的人口。

在20世纪初的美国，许多罪犯、同性恋和精神病患者被强制绝育，以致他们无法生孩子，也就无法将自己的基因传给下一代。这一做法的目的是要创造一个更"纯粹的"种族。在20世纪30年代和40年代，纳粹德国更将之推向极端，阿道夫·希特勒认为只有强壮、金发、高大的"雅利安"德国人才是最强种族，于是数百万犹太人、同性恋和身心障碍者惨遭杀害。

斯蒂芬·霍金是一位富有影响力的著名物理学家，但他却因肌萎缩侧索硬化症而完全瘫痪，这意味着他无法控制他的肌肉。若实行基因检测，会有多少像他这样的杰出人才不能降生于这个世界上？

如今已经很少有政府会以这种方式公开杀人或迫使绝育。但我们可以通过其他方式来推广基因完善的观点。如果能够阻止残疾人的出生或移除导致某些行为的基因，就意味着我们开始创建一个具有选择性的、有特征偏爱的社会。

提前知道未来的困境

亨廷顿舞蹈症是一种致命的遗传性疾病。它的基因是显性的，所以如果你的父母一方患有亨廷顿舞蹈症，你就有50％的可能性患上此病，并且到中年才会出现症状。如今已经可以通过基因检测提前发现一个人是否患有亨廷顿舞蹈症。

我们会因为无法得知未来而感到压力，但对于有些人来说，提前知道了未来反而可能会更紧张。许多进行过类似基因检测的人都需要进行心理咨询来调整他们在结果出来前后的情绪。但这种咨询指导并不一定次次有效，因此基因检测可能会让他们陷入无法承受的境地，或许比承受做检测前的不确定性来得更糟糕。

许多病例并不像亨廷顿舞蹈症那样症状鲜明，如果你发现自己携带某种会导致特殊的癌症或心脏病的基因，那么事先知道可能会有所助益，因为你可以选择更健康的饮食，多做运动，或者使用药物来帮助预防疾病。

更深远的影响

一方面，知道可能患有一种特殊的基因疾病并不仅仅只影响你本人。如果你年纪很小，那么你的家庭也会受到影响。如果你是成年人，那你的雇主、保险公司和家庭都可能被波及。如果雇主发现雇员将来可能需要很多时间休病假，那么这个雇员可能会失去工作或失去一些职业发展机会。在一个没有全民免费医疗的国家（例如美国），如果事先知道有些人将来可能会需要支付高昂的医疗费，那么他们可能无法获得医疗保险。即使在像英国这样拥有免费医疗的国家，这类人仍可能失去工作，在家中倍感压力，或者无法获得抵押贷款来购买房屋。而另一方面，如果知道有人可能患上基因疾病，也许会促使政府通过提倡健康的生活方式或提供预防性治疗来节省昂贵的护理费用。

寿命延长的负面影响

如果我们应用基因工程来推动对于常见致命疾病的治疗或预防，人们的寿命就会得到延长，这会对社会造成一些意想不到的严重后果。因为老年人一般不需要工作，因此不会

为整个国家创造较多的财富。此外，老年人比年轻人需要更多的医疗资源，因为他们更容易患病，恢复起来也更缓慢，万一遇上事故，他们所遭受的伤害也很可能更为严重。

如果基因工程导致人口迅速老龄化，那么社会的收入和支出方式就需要改变。年轻人要对养老金有所计划，并为他们的未来承担比以往更多的责任。而那些赚钱的人也可能需要缴纳更多的税款或者以其他方式赡养老人。

章末思考

1. 解释基因突变是如何发生的，以及其对人类发展的影响。
2. 为什么干细胞在基因治疗中的成功率要高于已分化的细胞？

教育视频

本二维码链接的内容与原版图书一致。为了保证内容符合中国法律的要求，我们已对原链接内容做了规范化处理，以便读者观看。二维码的使用可能会受到第三方网站使用条款的限制。

扫描二维码，观看关于基因治疗的视频。

如果基因治疗成为可能，它可能涉及在出生前对胎儿进行检测，甚至对单个卵细胞进行基因检查。

使用互联网或学校图书馆对基因治疗这一主题展开研究，并回答以下问题：应该允许进行基因治疗吗？

有人认为基因治疗不应该得到法律许可，因为它是不自然的，甚至可能会出错。儿童在成长过程中呈现出不同特征，无论好坏，其本身就蕴含着一种美。有些疾病可能会使一个人以特殊的方式成长，并变得更加强大；整个社会必须学会接受他人本真的模样。如果允许基因治疗，父母就可能会不受限制地"设计"自己的孩子。

有人则认为应该允许基因治疗，因为它可能会使人更加健康，避免患上那些使人体虚弱的疾病。人们能够延长寿命并且获得更高的生活质量，这对自身、家庭和社会都有好处。而整个人类社会在医疗问题处理方面的花费也会更少。

写一篇两页的报告，使用研究得出的数据来支持你的结论，并做一次课堂展示。

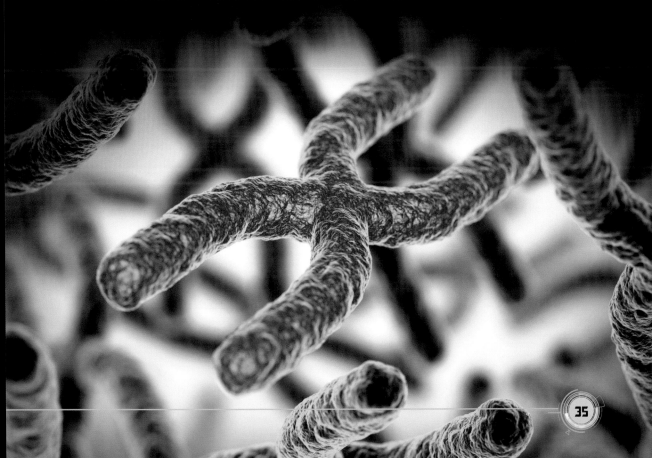

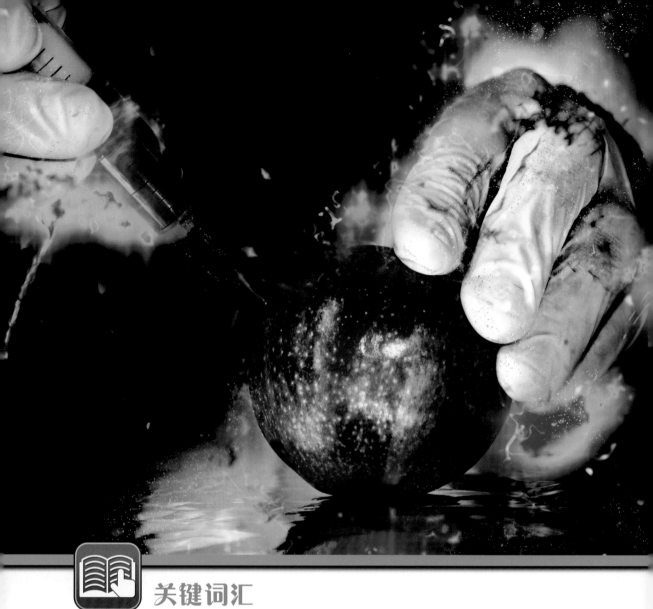

关键词汇

驯化 —— 使动物或植物适应人类的生活，并被人类利用。

现场试验 —— 在预期可能发生的实际情况下对新产品进行试验。

有机的 —— 种植或制造时不使用人造化学物质或转基因生物。

第四章　食品基因工程

　　基因工程研究在农业及食品生产领域与人类健康医疗领域一样活跃。科学家们正在研究数百种为人类提供食物的植物和动物的基因。

　　通过修改基因来改良作物和家畜已不是什么新鲜事儿。小麦、大麦、水稻、土豆、橘子等农作物，以及奶牛、绵羊、山羊、鸡等家畜家禽都是由野生品种培育而来的。

选择性育种

　　很久以前，人们便开始采集自然生长的植物以供食用，例如野生小麦。有些野生小麦的谷粒长得比其他小麦大，于是人们就更倾向于在第二年选种这些谷粒大的小麦。如此循环，小麦的谷粒越变越大，进而形成了"驯化"（人工种植）的小麦。如果人们发现另一个品种的小麦具有某种优良特性，比如秸秆更强壮，那就可以利用选择性育种将这两种小麦进行杂交，从而在子代中加入后者的特性。

传统农业利用选择性育种，培育出许多人工驯化的动物，比如奶牛。

家畜的培育也可以利用选择性育种。让那些产奶更多的奶牛生下小牛，这样一来雌性小牛就能从母牛那儿获得"高产奶"的基因。挑选出携带"高产奶"基因的奶牛来不断繁殖，牛奶产量就会逐渐增加。

基因工程与选择性育种

选择性育种需要进行多代父系和子系的培养，通常需要耗费多年甚至几个世纪的时间才能获得想要的结果。基因工程的速度则非常快，在实验室里改变基因只需几周甚至几天的时间，在一代之内就能完成基因改变。

选择性育种是同一品种的两个个体自然交配，所以基因改变只能在相同品种内发生。转基因生物则是某一动植物从其他生物体获得了它所需性状特征的某个基因，这个基因可以来自同一物种，也可以来自其他完全不同的物种，例如飞蛾的基因可以被加入土豆中。每一个基因控制着一种性状特征，因此，如果飞蛾的某些特性对土豆有利，如对疾病有抵抗力，那么控制这些性状特征的基因就可以被复制到土豆的基因中。但问题的关键是：这个基因能否在新"家"中发挥作用。

"黄金大米"

世界上超过一半的人口以大米为主食。科学家发明了一种被称作"黄金大米"的转基因品种，旨在为人体提供更多的维生素A。世界卫生组织估计，全世界约有2.5亿名学龄前儿童缺乏维生素A，而维生素A能很好地预防儿童失明。黄金大米能为数以百万计的人口提供他们所需的维生素A。2004年，路易斯安那州开始对黄金大米进行实地测试，又称作"**现场试验**"。2005年，人们又创造出一个新品种，比之前的品种更富有营养。

上图是泰国一名儿童站立于种植"黄金大米"的农田当中。随着世界人口的持续增长，一些专家希望高产的转基因食物能帮助缓解饥荒，同时减轻由于过度捕捞和其他环境问题造成的自然资源压力。

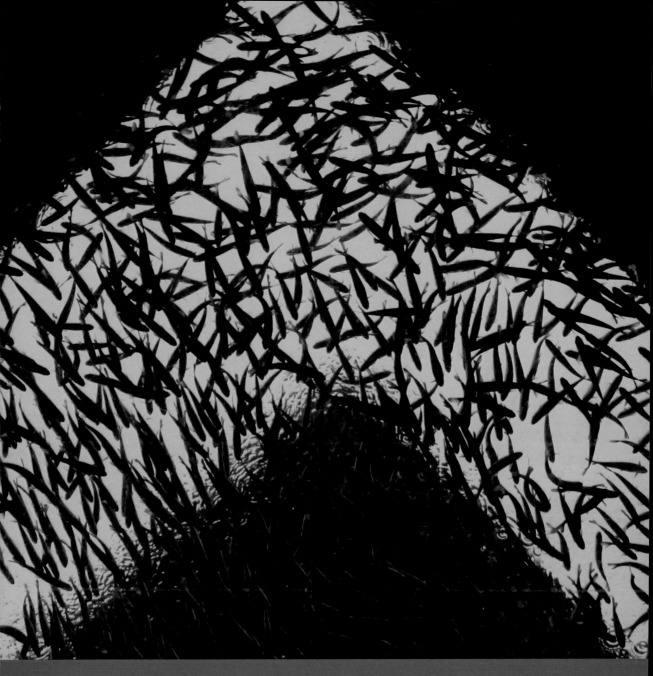

 **知识窗**

超级三文鱼

　　基因工程创造了一种"超级三文鱼"：它们拥有一种快速生长的基因，其生长速度比普通三文鱼快6倍以上。将来，它们可以像今天的普通三文鱼一样，被饲养在大型水库或巨型海上吊笼里。

通过基因工程，一些作物甚至可以在极度干旱的环境里生长。这些作物能让几百万来自埃塞俄比亚及其他干旱的东非国家的贫穷者免于饥饿。

关于转基因有效性和安全性的研究仍在继续开展，但反对的声音一直存在。有些人说，研究员让受试者们吃了非正常的高脂肪食物，所以测试结果才显示出更高的维生素A含量。另一些人称，这种测试是不道德的，因为受试孩子的父母并不知道这种大米是转基因作物，或者不知道这种大米仍处于测试阶段。许多人认为，穷人只是发展转基因作物的一个借口，事实上是许多大公司在通过诸如"黄金大米"这样的转基因产品牟取暴利。

转基因作物的优点

　　基因工程可以培育出对除草剂具有抵抗力的作物。在喷洒药物除草时，具有抵抗力的作物不会受到损害。基因工程能使作物产生某种物质来驱赶害虫（例如某种特定的蠕虫、甲壳虫、飞蛾）或真菌，防止其侵食作物；还能让作物对植物病毒引起的疾病产生抵抗力。基因工程还能提高作物的质量和产量，使其生长更快，口味更佳。

　　基因工程可以使作物生长的环境范围更加广泛。如果转基因小麦可以在更干燥的土壤里种植或能在短暂的干旱中生存，那就可以将其种在有机的小麦（指种植时不使用人工化肥或转基因生物的小麦）不能生存的地方。这样一来，从前的饥荒之地就可以生产粮食了。

 **知识窗**

基因工程在农业中的创新

除了改良食品以提高产量外，基因工程师们还在努力研究其他设想：

●在印度培育高蛋白质的土豆，为那些无法从日常饮食中摄取足够蛋白质的儿童提供营养。

●让蚕能吐出比普通蚕丝强度更高的丝线。

●令奶牛能分泌出和人乳相似的乳汁，为无法用母乳哺育婴儿的母亲提供母乳的替代品。

●使得一些植物的叶子能产生一种塑料，这样我们就不需要通过炼取和加工石油来生产塑料了。

●让蚊子对疟疾产生抵抗力，或让它们一旦染上疟疾就无法繁殖。

某些基因能控制作物的成熟速度，因此能让同种作物在同一时期收割。还有一些基因可以使软质的水果在采摘、装箱、运输、上架等过程中不易受到损伤或者留下伤疤。转基因作物还可以被改造得能够在超市久放不坏。

环保主义者经常参与反对孟山都以及其他一些大公司的游行示威活动，他们强烈要求为转基因食品贴上标签。

在一些欧洲国家，比如德国，转基因生物（GMO）必须贴上明确标签，让消费者了解自己购买的产品。

此外，某些基因还可以改变食物的外观，如令苹果看起来既有光泽又平滑，而不是色泽暗淡或有褶皱。通过基因工程甚至可以改变食物的颜色，创造出一些"新奇"食物，比如蓝番茄、红梨等。

转基因作物的传播

2014年，全世界一共种植着约1.815亿公顷的转基因作物，而1996年和2005年分别只有大约170万公顷和9 000万公顷。最主要的4种转基因作物是大豆、棉花、玉米和油菜。2014年，全球一共种植大豆1.11亿公顷，其中转基因大豆占82%；棉花3 700万公顷，其中转基因棉花占68%；玉米1.84亿公顷，其中转基因玉米占30%；油菜3 600万公顷，其中转基因油菜占25%。

然而，并非所有的转基因作物都已经由普通农民种在一般的农田里。还有一些仍处于研究当中，另一些则在温室里试种植或在小范围严格受控的地块上进行现场试验。美国农业部（USDA）1985年允许测试的转基因作物有4种，在2002年为1 194种，到2013年则有12 000多种。

转基因食品的潜在危险

从理论上说，在供食用的动植物体内加入新基因可能会对人体造成损害。尽管科学家们已经进行了各种研究，但是至今仍未找到明确证据能表明转基因食物对人体有害。和其他食品一样，美国食品药品监督管理局（FDA）批准转基因食物的存在，但并不意味着完全保证其安全性。

在食物（如农作物）中加入特定基因可实现某种效果，但这些基因也可能产生意想不到的影响。它们可能会使植物产生更多的天然化学物质，这些化学物质含量在正常水平时不会带来什么危害，但过多时就可能会具有毒性。另外，这些新加入的基因可能会使植物意外产生带有毒性或者会引起过敏的物质。

基因工程的支持者们提出，多年以来已经有数百万人吃过转基因食品，但没有实例能证明转基因食品会对人体造成直接危害。另外，转基因食品在推向公众之前都会经过大量测试，这些测试或在实验室开展，或在动物和志愿者身上进行。人们对转基因食品做的测试确实远远多于那些通过传统选择性育种方法生产的食品，迄今为止的测试结果尚未证明它们是有害的。

识别转基因食品

识别个别转基因食品相对简单，比如转基因土豆、转基因玉米、转基因大豆、转基因橘子或转基因鸡。世界上许多生产商和超市都已经为转基因食品贴上标签，这样消费者就能自主选择要不要食用。但对于像玉米、大豆这样的食物，它们经过购买、混合、多次搅拌等工序后会被用作酱汁、肉汁、馅料、比萨或者熟肉的佐料，所以要知道经过加工或已经做好的食物中是否含有转基因成分并不容易，甚至是不可能的。对于这类产品，美国目前还没有要求厂商必须为其贴上标签，但未来有可能会提出这样的要求，届时食品的价格可能会因此而提高。

知识窗

抗腐烂的西红柿

"Flavr-Savr西红柿"是最早面向公众销售的转基因食品之一。它于1994年底在美国730家商店中推出。经过基因工程的改造，它比普通西红柿的保鲜时间更长，因此可以长时间保持良好口感而不至于绵软腐烂。但由于农民和消费者的反对，以及大规模种植这种西红柿带来的一些问题，"Flavr-Savr西红柿"最终退出了市场。

基因逃逸到野外

在大多数作物中，花朵的雄蕊会释放出数以千计的细小花粉粒，这些花粉粒借助风力或蜜蜂、鸟类等生物被带到同类植株花朵的雌蕊中。花粉粒里的雄性细胞与花朵雌蕊中的雌性细胞相结合，就开始了新种子的孕育。

有时候，转基因植物的雄性花粉会被传到其他地方，附着在自然生长的同类植株的雌蕊上。新的基因就有可能进入这棵植株的种子内，然后随着花粉再次传播。通过这种方式，新的基因可以传播到很远的地方，甚至跨越大陆。新基因可能传播到原本野生的植物中，从而永远地改变自然环境。

如果饲养转基因动物，我们可能无法阻止"转基因品种"最终混入"有机品种"中。转基因动物可能会与有机动物杂交，使得新基因逐渐逃逸到野生环境，并在自然种群里传播。由于这样的影响无法预料，人们正在采取相关措施预防这种情况的发生。

美国的科学家和农民必须在受控的环境中分几步检测转基因食物的安全性。首先，一种新的转基因植物，如转基因小麦，要先在实验室培育，然后再到温室扩大规模种植，并仔细研究它们的生长是否健康，会不会产生奇怪的新物质。植物有用的部分，如小麦的谷粒会给动物食用，以检测其副作用。

初步完成检测和进行安全性研究之后，一小批转基因作物会被种到地里，用于田间试验，这些田间试验必须在距种植非转基因作物农田一定距离的地方开展。但是研究显示，一些花粉粒会被风吹到30英里（1英里 = 1.61千米）之外，而鸟类和蜜蜂甚至可以将种子和花粉传播到更远的农田。

逃逸基因可能带来的后果

基因从检测合格的转基因植物或动物体内逃逸到自然界其他种群中的可能性非常小。但如果真的发生了，其结果可能是影响深远的。在实验室或温室能够很容易地阻止基因的传播。但在外界，我们很难中断基因传播，更别谈回收基因了。

假设某种转基因作物拥有能够抵抗除草剂的基因，在田地里如果这种作物患上某种由病毒引起的疾病，这些病毒便可以从作物中吸收该基因并感染附近的杂草。那么这些被感染的杂草就会变成能抵抗除草剂的"超级杂草"——这种"超级杂草"的传播将带来巨大的危害。以病毒为载体，使基因从一种生物传入另一种生物，这种基因传递的过程与基因工程的操作一模一样。

我们几乎无法分辨这片田里的玉米是天然的还是转基因的。转基因作物的外表看起来跟非转基因作物没什么区别。你认为人们应该被告知他们所吃的食品是否是转基因食品吗？

试想另一个动物的例子：某种"超级猪"的基因可以使小猪长得更快、更壮。有一天，一只"超级猪"逃跑出来并与它自然界的近亲——野猪结合，于是这个基因就被一步步传播到当地的野猪群里，被这样创造出来的"超级猪"将对环境造成严重的破坏。

回收逃逸基因

基因工程的支持者们认为，基因逃逸到其他生物体当中并发挥实际作用的可能性小到几乎为零。

基因工程的反对者们则将这种风险类比为"瓶中精灵"的神话：精灵承诺帮人实现愿望，但许愿的人却不考虑所有可能的后果。反对者们认为，一旦新的基因逃逸到自然界，就再也无法重新回收。超级杂草可能会肆虐大地，超级虫子可能会传播瘟疫，超级动物可能会威胁其他生命。但你再也无法把逃出的"精灵"重新装回瓶中。

基因保护

研发转基因作物的费用十分高昂，所以生产这种作物的公司不希望农民不花钱就能得到更多的种子。避免这种情况的办法之一就是加入"终结基因"，即可以使作物不产生种子的基因，这有时也被称作基因保护，其另一个目的是防止转基因植物的种子不小心跑到野外。按照传统，发展中国家的农民每年都要保存种子，因此如果"终结基因"得以推广、普及，他们所受到的损失可能是最大的。印度已经禁止基因保护。

反转基因运动

1999年，在英国的一些地区，反转基因运动者为了阻止田间试验，砍倒并烧毁了大片转基因玉米。虽然这些试验均属合法，并且遵循了测试条例，但抗议者们说试验都是隐蔽进行的，而且目前并不能确定这些试验的危害性。抗议者被告上法庭之后，没有一个被判有罪。

此类抗议一直在继续。2012年，成百上千的印度农民集体抗议转基因玉米，他们不希望自己的农田被用来做测试。他们引用的例子是，转基因玉米中的抗除草剂基因在其他国家造成了超级杂草的肆虐。2013年，400名抗议者对菲律宾的一块农田发起诉讼，这块田地上正在进行之前提到过的"黄金大米"的测试。他们将稻株连根拔起并践踏一番，称转基因大米不仅对人体健康有害，还限制了作物的自然多样性。

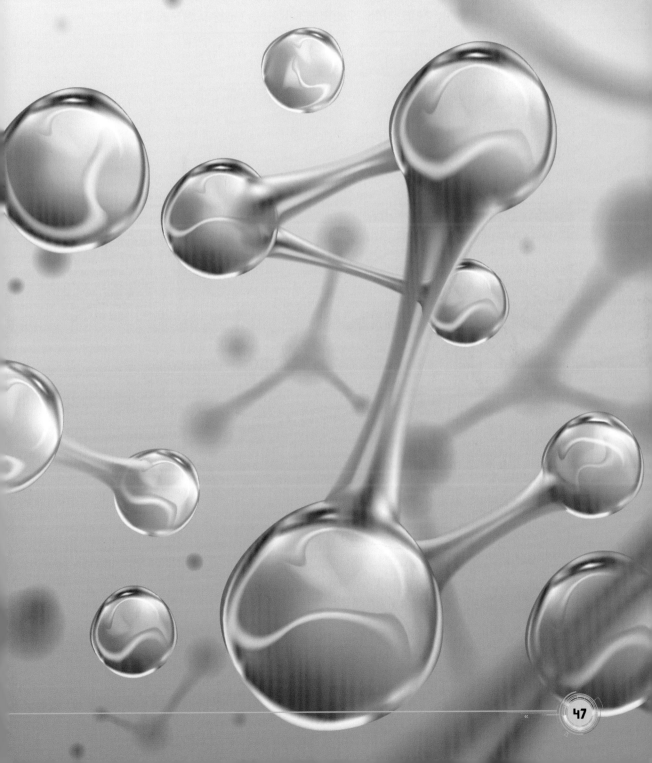

章末思考

1. 转基因作物可以在哪些方面造福人类?
2. 分别用一种植物和一种动物来举例说明"逃逸基因"的危险性。

教育视频

扫描二维码,观看关于转基因食品的视频。

本二维码链接的内容与原版图书一致。为了保证内容符合中国法律的要求,我们已对原链接内容做了规范化处理,以便读者观看。二维码的使用可能会受到第三方网站使用条款的限制。

研究项目

利用互联网或学校图书馆了解转基因食品的相关话题，并回答以下问题：是否应该要求企业为转基因食品注明标签？

一些人主张，如果产品里包含转基因生物，公司理应标明。即使获得相关监管部门的批准，这些食品也并不是纯天然的，长期食用可能会对人体健康造成未知的损害。人们应该大体清楚自己买的是什么，尤其是食品，人们有权知道他们吃的是天然食品还是转基因食品。

另一些人则认为，相关监管部门批准的食物已经通过了安全检测，对转基因食品的检测甚至更加严格，所以没有必要再标明每一个转基因食品，而且这样势必会提高食品的购买价格。另外，转基因食品带来的风险并未得到多数科学家的证实，也可能只是有机食品公司吸引人们去买更昂贵的有机食品的一个营销噱头。

写一篇两页的报告，使用研究得出的数据来支持你的结论，并做一次课堂展示。

关键词汇

克隆 —— 动植物由母体的一个细胞繁衍而来，且它拥有与母体完全相同的基因。

胚胎 —— 动物或人类还未孵化或出生前的生长发育初期阶段。

生物多样性 —— 多种动植物在同一环境中共存。

治疗性克隆 —— 为了外科移植而对人体组织进行的克隆。

生殖性克隆 —— 将克隆的胚胎细胞植入成年雌性子宫，从而创造出一个新个体。

第五章　克隆

与另一个体拥有完全相同基因的生命体叫作克隆体。克隆需要操纵或移动整套基因，而这并不一定会涉及基因工程技术，它无须增加或减少个别的基因。但在某些步骤上，克隆与基因工程也相互借鉴。同卵双胞胎的降生就是自然界的克隆，由于来自同一个卵细胞，他们拥有完全相同的基因。数百年来，园丁们也一直在使用克隆技术，他们摘取植物的某个部分，如一枝茎秆，把它培育成与其母体有着完全相同基因的全新植株，这就是克隆。

同卵双胞胎有着相同的基因。然而他们会逐渐形成自己独立的个性与好恶，所以他们并非完全相同的人。

克隆过程

生物体中的每一个微小细胞都拥有这个生物的一整套基因。将这套基因从细胞中完整地提取出来，并将其植入去核的卵细胞中。只要这个新"家"环境适宜，所有基因会开始"启动"，成为创造新生命的"指挥家"。

在20世纪90年代中期以前，人们只能克隆发育早期的细胞（即**胚胎**细胞）的遗传物质DNA。胚胎细胞来自受精卵分裂形成的大规模新的细胞群，当克隆细胞处于发育早期时，我们无法预测成年个体会有哪些确切的特征。如果我们克隆羊的胚胎细胞，可能会希望克隆出来的羊都能有超高质量的羊毛，但这只有等克隆羊长大成年后才能确定。

克隆体细胞

解决这一问题的办法是克隆成年生物的体细胞而非胚胎细胞。但这也会带来各种问题：不同于胚胎细胞，成年生物体细胞里的许多基因都已经"停止工作"，只有少数在体细胞内有着具体分工的基因还在发挥作用。然而，在20世纪90年代中期，人们研究出了一些方法来"启动"已分化细胞的基因，包括当细胞在培养瓶或培养皿中生长时，对其添加化学物质、加热或进行电流刺激。绵羊多莉是第一只通过克隆体细胞产生的哺乳动物。

绵羊多莉（Dolly）是世界上第一只从成年绵羊的细胞而非受精卵中克隆出来的哺乳动物。多莉在1996年被克隆出来，2003年2月死于肺部疾病，存活了近7年。按照通常标准，这只绵羊还很年轻，因为羊一般能活11～12年。从那以后，其他动物也陆续被成功克隆出来。

克隆的潜在益处

对植物进行克隆已经持续了几个世纪。今天我们吃到的一些水果，例如香蕉和草莓，就是通过克隆来种植的。自绵羊多莉诞生以来，科学家们已经克隆出许多动物，从青蛙、老鼠到猪和牛，等等。基因工程和克隆相结合，是否有益于我们的未来世界呢？又会带来什么好处呢？

克隆可能会带来许多好处。我们可以用产蛋量多的母鸡或产奶量高的奶牛当母本，克隆出几千只具有相同基因的后代来提高鸡蛋或牛奶的产量。如果依靠正常的繁育方法，这些高产动物的后代会呈现出基因多样性，有些后代可能不能很好地表现出人们所期望获得的特征，因此产量会下降。但通过克隆技术，母本动物的高产基因会被完全复制。此外，我们也能通过克隆来得到性状最好的水果。

克隆的弊端

克隆确实也存在弊端。为了创造绵羊多莉，人们一共做了超过270次尝试，整个过程包括从成年绵羊体内取出单个细胞，激活基因并把其植入母羊子宫。最终，这些细胞才能像受精卵一样发育成新生羊羔。成功之前的多次失败意味着许多胚胎死于母体腹中，打乱了正常怀孕过程。

在正常的繁衍中，基因多样性会赋予不同个体不一样的疾病抵抗力。如果某种疾病侵袭了农场里正常繁殖的畜群，其中一些动物可能会死亡，但另一些则会康复甚至完全不受

知识窗

你好，多莉！

绵羊多莉于1996年7月在苏格兰爱丁堡出生，她并不是第一只克隆动物，但她是第一只从成年的体细胞里克隆出来的哺乳动物。多莉的例子表明，任何从动植物，甚至从成年个体身上获取的细胞，原则上都可以用来克隆。多莉于2003年去世，死于经常会在高龄绵羊身上出现的疾患。早衰在克隆动物中很常见。

影响。如果畜群里都是克隆的个体，由于抗病基因完全相同，它们可能会全部死于这场浩劫。这种情况同样也适用于植物。

自然育种有时会因为DNA的偶然突变而产生新的有用特征，例如更大的小麦粒。这是**生物多样性**理念的一部分：在整个生物群体中拥有大量的、多样的且自然变化的基因集合。如果通过克隆来制造动植物就不会产生新的变化和组合。

人类克隆问题

这项技术的存在是为了克隆人类或对人类细胞进行基因工程改造。实际上，克隆的人类胚胎已经被制造出来。我们是否应该继续此项研究？结果会不会太过危险？

再生医学是基因工程研究的一个分支，主要探索如何培育新器官（如心脏），并通过移植来替换受损器官。

克隆人长大后的相貌、行为是否会与母体完全相同？倘若如此，就可以通过克隆一名精英士兵来创造一支能够主宰世界的军队。在现实生活中，克隆个体可能看起来差不多，但他们的行为方式却并不相同。同卵双胞胎就是具有相同基因的克隆体，他们看上去很相似，但他们有自己各自的经历并发展出独特的个性。虽然一开始他们有着相同的基因，但他们终将会成为不同的人。

人类克隆可能带来的益处

如果一个人身体的某个部位患上疾病，可以从另一个部位取出细胞来帮助治疗这一疾病：我们在实验室中可以通过激活或抑制细胞中的多种基因来制造出健康的新细胞。这些克隆的细胞可

基因克隆能否复活已经灭绝的动物，比如渡渡鸟？

以长成新的身体部位以代替患病部位。用于完成这项任务的细胞，也可以从仍处于母体中的胚胎取得，相比从成人身体里提取的细胞，这种胚胎干细胞更容易转化和操作。

为了治疗疾病而克隆细胞，而不是培养新的人类，这种技术被称为**治疗性克隆**。这种技术能够解决移植中的排异问题。将一个人的器官（比如肾脏）移植到另一个人体内时，受体有时会抗拒这个来自他人的器官，并试图破坏它，而治疗性克隆可能不会发生这种情况。

克隆政策

关于是否允许克隆人类，世界上还没有达成一致的意见，各国的法律和指导方针差异也很大。2001年11月，美国先进细胞科技公司（Advanced Cell Technology）宣布已经制造出第一个完全克隆的人类胚胎。这种胚胎不会长成人类，但可以提供用于治疗性克隆的细胞。就在同一周，英国政府开始严格限制一切克隆人类细胞的活动，包括用于医学用途的胚胎干细胞。目前，美国尚未制定关于人类克隆的联邦法律。不过，除了2001年8月9日前制造的胚胎干细胞，美国禁止将联邦资金花费在任何形式的人类胚胎研究中。然而，私人基金还可以用于克隆胚胎。主张保护胎儿权利的支持者们将胚胎视为人类，因此他们在寻求方法来禁止一切克隆，包括治疗性克隆。还有一些人支持部分禁令，支持禁止通过**生殖性克隆**来制造人类，但认为治疗性克隆应该得到允许。

世界上已经有30多个国家禁止人类生殖性克隆，一些欧洲国家包括法国、德国和瑞士已经禁止为了生殖或治疗目的而克隆人类胚胎。英国、新加坡、瑞典、中国*和以色列这些国家允许进行克隆研究，但不允许生殖性克隆。

> 干细胞是一种可以用来培育身体中任一需要更换组织或器官的细胞。

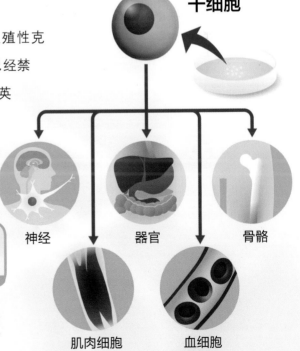

干细胞

神经　　　器官　　　骨骼

肌肉细胞　　　血细胞

---

* 2003年，中国科学技术部和卫生部联合制定了《人胚胎干细胞研究伦理指导原则》，其中第四条条款为禁止进行生殖性克隆人的任何研究。

章末思考

1. 为什么克隆成年体细胞比胚胎细胞更难？实现克隆体细胞用到了哪些方法？

2. 克隆动植物的三大风险是什么？

教育视频

本二维码链接的内容与原版图书一致。为了保证内容符合中国法律的要求，我们已对原链接内容做了规范化处理，以便读者观看。二维码的使用可能会受到第三方网站使用条款的限制。

扫描二维码，观看关于克隆背后之科学的视频。

研究项目

利用互联网或学校图书馆了解人类生殖性克隆的相关话题，并回答以下问题：是否应该允许通过生殖性克隆来制造人？

一些人认为，既然我们拥有克隆人的技术，我们就应该善加运用。假如一对夫妇不孕不育，他们依然有望通过这项技术来拥有血脉相连的后代。而失去孩子的父母可以通过克隆让子女"复活"。虽然克隆人类的技术现在还不是很发达，安全性也不是很高，可一旦安全系数得到提升，人们就有权做他们能做的事。

另一些人则认为克隆人不应该被允许，因为这会减少人类生活的多样性，而多样性对社会是有益的。克隆会引发这样一种文化：人类被视为可以设计和制造的对象，而不是自然创造的生命。克隆也并不安全，因为动物克隆会导致大量流产、死胎，威胁到受孕母体的生命安全，我们不应将人类也置于这样的风险中。

写一篇两页的报告，使用研究得出的数据来支持你的结论，并做一次课堂展示。

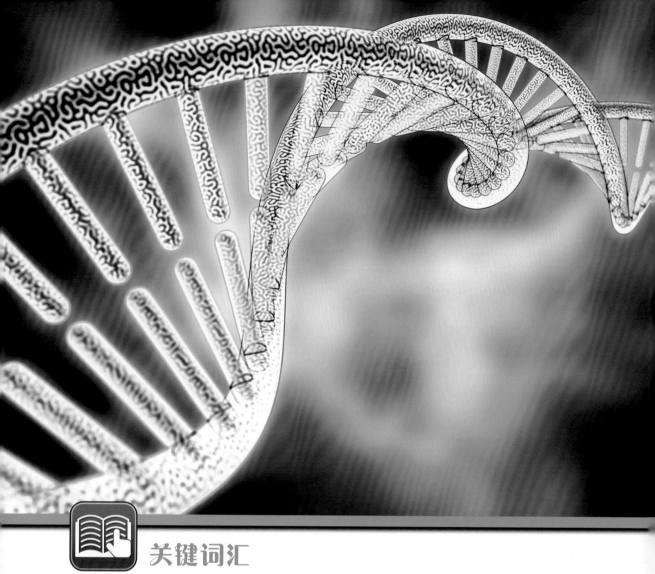

关键词汇

基因组 —— 一组包含基因的染色体，生物体的遗传物质。

边际利润 —— 购买或制造的成本与售价之间的差额。

专利 —— 政府授予发明人在一定年限内制造、使用或销售其发明物品或工艺的专属权利。

既得利益 —— 出于个人或私人原因希望完成某事以获得利益。

第六章　基因工程的商业化和伦理

对基因工程和其他形式的基因学研究是一项巨大的全球业务，并且正在持续增长。美国卫生部估计，美国2015年的基因学研究费用支出为79亿美元，而这个数字在全球范围内会变得越来越大。基因学研究显然很有价值，只要能发现更多人体和自然世界的秘密，就会有利可图。这些新知识的使用权掌握在何人手中，他们会利用这些知识做什么？这令不少人感到忧虑。是不是任何人都可以"拥有"植物和动物的一些自然属性？

世界人口的平均预期寿命不断增加，纠正基因问题的能力可能会得到进一步提高。但是这也引出了一个问题：社会应该如何应对这种变化？

筹资渠道

基因学研究费用的部分资金来自政府机构，这部分资金主要用于针对植物、动物以及人类的主要健康问题寻找基因方面的原因。最富有的那些国家，尤其是美国花费最多。

其余的资金几乎全部来自私人渠道，有个人的投资，也有跨国公司的投资。在少数情况下，一些富豪会捐款或设立私人项目以找到特定问题的基因答案，这可能是因为他们或他们家人患有相应疾病。

在用于基因工程的资金中，有四分之三以上来自私人公司。和其他任何公司一样，基因工程公司的设立是为了满足某种需求。如果需求得到满足，公司会获利并继续经营；如果没有，公司就会破产。最大的那些基因工程和生物技术公司均位于全球最富裕的国家和地区，主要集中在美国、日本和欧洲。

投资基因工程的理由

在许多地区，基因工程被用来对抗疟疾、伤寒、霍乱和艾滋病等可怕疾病。基因工程也可以通过制造转基因生物来帮助净化饮用水，这些生物对人类无害但可杀死污染水质的细菌。

基因工程可以在很大程度上解决世界上许多地区因缺乏食物而导致营养不良和死亡的问题；可以提高农作物和牲畜的产出，创造可在艰苦条件下生长的作物或者含有丰富维生素的作物（如"黄金大米"），这样就会使食物更便宜、更有营养。

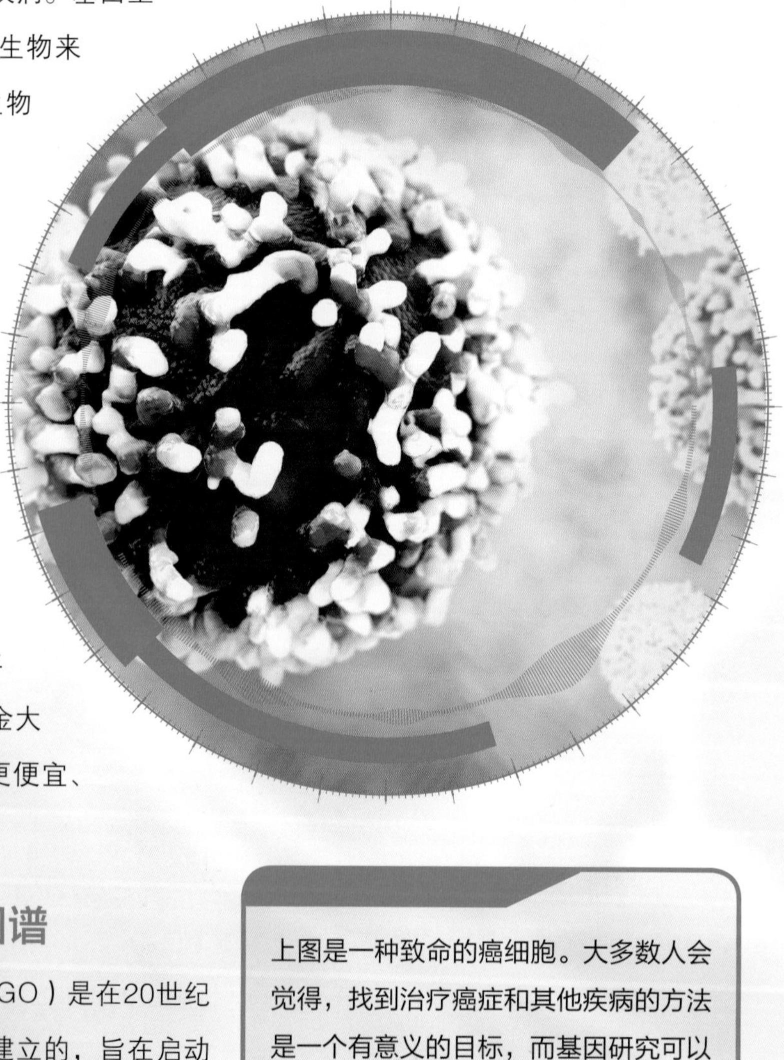

绘制人类基因组图谱

人类基因组组织（HUGO）是在20世纪80年代末由各国政府联合建立的，旨在启动人类基因组计划（HGP），绘制整个人类基因组图谱。科学家们将染色体切成条块，然

上图是一种致命的癌细胞。大多数人会觉得，找到治疗癌症和其他疾病的方法是一个有意义的目标，而基因研究可以为我们提供这方面的帮助。

后使用先进的设备来确定这些条块上化学物质的排列顺序。此后再将绘制好的图放在一起，按照顺序来列出染色体上的基因。染色体中大量的DNA是"无价值的DNA"。我们不知道它们有什么作用或者到底有没有作用。无价值的DNA未被绘制出来，但已被识别。

我们是否有权给奶牛导入一种转基因激素，结果有利于人类，但却会对动物造成伤害？如果你知道这些牛奶来自转基因奶牛，你还会喝这些牛奶吗？

起初，绘制基因组图谱进程十分缓慢。1998年，商业公司赛雷拉基因公司组建了自己的团队来对人类基因组进行测序。赛雷拉公司试图将一些基因组信息置于自己的控制之下，仅供其私人使用，这种与人类基因组组织截然相反的行为引发争议，因为人类基因组组织希望所有信息都可以公开获取。于是，人类基因组组织和赛雷拉公司之间展开了一场竞争，最终人类基因组在2003年率先完成了排序，而赛雷拉公司的项目在2005年才完成了92%。

一场等待的游戏

2001年1月，埃塞俄比亚环境保护局局长说服许多发展中国家对急速推进的基因工程技术持谨慎态度。他认为种植转基因作物的许可不应立即获得批准，而应推迟，直到进行更多安全性研究，并确保能够更公平地分享利润。这一举措让那些基因生物公司感到失望，他们原本希望通过将转基因作物出售给较贫穷的国家来赚钱。尽管如此，基因生物公司已经在全球其他市场取得了进展，并且正在获得巨额利润。

全球最大的转基因种子公司——孟山都2013年的利润为149亿美元，其产品的**边际利润**为30%。

知识窗

亲子鉴定

　　亲子鉴定——要证明某人是某个小孩的血亲，长期以来一直依赖于DNA检测，现在已经可以用"偷来的"DNA样本进行秘密测定。一名私人侦探偷走某著名美国电影制片人所扔垃圾中的牙线，对他的DNA进行了测试，并与一个孩子的DNA进行了比对，结果证明，他就是这个小孩的父亲。

基因专利

　　从汽车到电脑，人们花费了大量时间和资金发明工具和机器。向发明人授予专利被普遍认为是对他们进行奖励的公平方式。专利的存在既是一种对发明人作为该创意创始人的嘉奖，也能防止他人随意使用该发明，除非他们获得许可并向拥有专利的人支付一定费用。

　　专利同样也适用于基因。"发明"一种有用的新基因组合的公司可以获得专利，例如在商店货架上保存时间更长的番茄。为基因组合申请专利能够阻止其他人的简单复制。如果没有专利，基因工程和生物技术公司就无法获得生存所需的资金。

索取基因所有权

　　在19 000个人类基因中，有超过4 300个已获得专利。 在美国，约有47 000项专利属于基因相关的发明专利。美国公司拥有最多的基因专利，其次是欧洲和日本。许多贫穷国家的人认为，这是富人变得更富的又一力证。

　　可以申请专利的对象不仅包括新的基因组合，也包括自然界中植物或动物的基因组。但是，个人或公司可以"拥有"这样最基本的自然界中的"生命指令"——基因么？假设在一个贫穷国家的雨林中发现了一种稀有植物，来自一个富裕国家的科学家们对这种植物进行了研究，并发现它具有抵抗疾病的有用基因。如果科学家们将这个基因专利化并将其用于转基因作物，他们就可以获得巨额利润。这种行为是否公平？ 我们可以说，这些基因不属于任何个人或公司，而是自然的一部分，理应人人都可以分享。但那些科学家们可能会声称，是他们完成了所有的工作，那么他们是否应该得到回报？

　　2013年，美国最高法院一致裁定，自然产生的人类基因不能再申请专利，因为它们只是被发现，而不是被发明。而对于那种完全在实验室中制造的基因，最高法院为其保留出一定空间。在分子病理学协会与利亚德基因公司的案例纠纷中，利亚德基因公司鉴定并分离了人类BRCA基因（与遗传性乳腺癌有关的基因），据此发明了一种检测方法以筛查有患乳腺癌高风险的女性。利亚德基因公司认为自己应该被授予专利，因为公司为了确认这些基因花了多年时间，毕竟每一个位于染色体上的基因都包含几千个碱基，而每一个染色体又含有数千万个碱基。然而，最高法院阻止了利亚德基因公司对BRCA基因的垄断，允许任何人公开研究和出于商业目的使用这些基因。与美国相反，澳大利亚联邦法院2014年则裁定，发现人类基因可以获得专利，这显示出这一新领域的复杂性。

　　一些科学家和政治家认为，我们应该制定一个"基因条约"，使所有的基因信息成为世界上任何人都可以使用的共享资源。这一条约将阻止任何人对基因本身申请专利，但公司仍然可以为通过基因研究得到的药物和其他治疗方法申请专利。我们需要就如何在全球范围内推行这个设想做出许多抉择。

基因测试的结果可能带来毁灭性的打击。知道某人会患上某种难以治疗的疾病，可能会让这个人失去工作和家庭。

你想知道你最终会怎么死吗？如果你发现某种基因疾病正在慢慢侵袭你的身体，你的朋友和家人会做出什么反应？

从基因学中获利

　　有些人认为，基因就像其他东西一样，是一种产品。就如公司砍伐树林制造木材，或将肉制成汉堡包出售以获取利润一样，基因工程公司也应该被允许对基因做同样的事情。另一些人则认为，基因存在于我们每个人体内以及每一个生物体内，就最基本的层面上而言，它们是生命本身。任何人都不应被允许拥有基因，使用它们都不应该收取费用，也不应该从中获利。

医药公司研发和生产药物不只是为了帮助病人，它们同时也在寻求盈利，这样它们才能在未来投入资金以研发更多的新药。《福布斯》杂志在2013年报道称，成功研发一种新药的平均研发费用为3.5亿美元，而95%的实验药物对人体是无效或不安全的。即使成本如此之高，医药公司在一种成功的药物上也能赚到数十亿美元，有些病人完成一个完整疗程的药物治疗就需要花费10万美元。

然而，政府制定了复杂的限制、许可和规章制度以阻止医药公司"过度"盈利，特别是在较贫穷国家销售的药品，更是如此。那些国家通常是最需要药物的地方，但负担不起高额的费用，也许类似的控制措施也应该应用于基因工程。

许多植物都贴有专利的标签。这意味着你不能在违法的情况下提取该植物的样本，或收集种子来种植新的植物。

基因工程的伦理

我们周围的世界是数十亿年进化的产物。动物和植物发展缓慢，不断适应环境的变化。不能适应环境变化的物种灭绝，而适应生存环境的物种则繁荣起来。

现在我们能够改变动植物乃至我们自己的基因组成，我们可以实现非常迅速的变化。有些变化在自然条件下可能最终会发生，但大多数变化可能永远都不会发生。我们不知道这样做是否会对大自然或人类造成任何损害，而且可能要经过几十年才会看到造成的后果。有些人认为，我们不应该以这种方式干预自然；另一些人则认为，我们应该尽我们所能去征服疾病和饥荒，而基因工程正好为我们提供了有价值的技术。

我们与持有各种不同观点的人共同生活在这个世界上，然而每个国家的人都有可能受到基因工程发展的影响。因纽特人（北极地区的土著人）认为所有的动物都同样值得尊敬，印度传统宗教耆那教教徒不会伤害任何生物。对这些群体来说，为了人类的目的而改变动物的基因似乎是不可接受的。如果像这样的群体没有身处发达国家，他们的声音就不太可能被听到。但是，在对自己有影响的问题上，难道不是每个人或每个群体都应该拥有发言权吗？

DNA痕迹

你不可能有哪一天没有留下哪怕一点点DNA片段。在你使用的杯子和餐具上会有唾液的痕迹，在梳子或椅子上可能会留下头发，你的衣服上也会有表皮残留。你可能认为这并不重要，怎么会有人想要检测你的DNA呢？但是，如果你是公众人物，这可能就非常重要了。一旦基因测试可以广泛使用，我们很可能会看到它的各种各样的用途，并且可能在未经测试者同意或知悉的情况下进行测试。

未授权的测试

我们并不完全知道哪些性格特征是由人们的基因决定的，哪些性格特征是后天形成的。可能会存在决定智力、性取向、创造力、酗酒甚至犯罪的基因，如果是这样的话，一个人的基因组成可能会对与他有关系的人来说很重要。比如雇主和合作伙伴，雇主可以在面试者的椅子上找到头发来测试，看他们将来生病的可能性高不高，会不会变得懒惰；或许有一天，你会想要做个检测，以确保你未来的伴侣不太可能患上抑郁症、心脏病等。2008年美国通过的《反基因歧视法》，是一项保护美国公民不会因为可能影响身体健康的DNA差异而遭受不公平待遇的联邦法律，这项新法律防止来自医疗保险公司和雇主的歧视。

DNA检测和法律

在一些国家，警方希望将罪犯甚至是他们怀疑过的人的DNA样本储存起来。这意味着他们可以通过将犯罪现场遗留的DNA信息与数据库中的DNA信息进行对比，快速地将一个人与某项罪行联系起来或者证明某人是无辜的。

政府对移民（即人们从一个国家迁移到另一个国家）的问题十分关注。DNA测试可以用来检测那些声称有亲戚在所去国的人是否在说谎。

人类死亡后的DNA

我们从未想象过自己会在事故中丧生，但如果当真如此，一个包含所有人DNA的数据库可以帮助救援人员识别丧生者的尸体。美国军方已经建立了服役人员的DNA数据库，如果有士兵在战争中牺牲，他们的尸体就可以通过DNA数据库被识别。你是否会因为这种目的而同意提供DNA样本呢？

伦理与实践

伦理委员会的工作是对研究机构中科学家的研究，以及医院中医生的工作进行审查。他们试图代表每一个人对感兴趣问题的观点，并试图对是非问题做出正确的决定。他们不仅会讨论个别案例，也会讨论抽象的问题。医院的伦理委员会可能会对单个患者的情况进行审查，也有可能被政府任命去调查是否应该允许研究者在特定的领域中进行研究工作。

每个国家都可以制定自己的法律，在某些研究领域，这些法律可能会有很大差异。目前，某些基因工程在一些地方是合法的，但在其他地方却是不合法的。

许多在基因学等有争议的领域工作的人都有**既得利益**，他们或许为了赚钱，或许是在追求自己的事业。在一个特定的领域当中，这些存在利益偏见的人往往又是最了解这些问题的人。他们如何对事情进行

毫无疑问，在未来10年，研究人员坚持不懈的努力将会为基因工程带来许多新的进展。

解释会对社会产生巨大的影响，因为我们的意见取决于他们提供的信息。我们需要确保我们的观点是基于合理的事实，而非基于有偏见的论点。

基因工程的未来

基因工程是一门复杂的学科，很难预测它将如何发展。它同时也是一门非常年轻的科学，甚至还不到50岁。想象一下，如果你能回到19世纪40年代，那时电流的科学只有43年的历史，当时有些人认为这种新科技是"魔鬼的发明"。谁能预测到将来有一天全世界会如此离不开电力呢？

在未来，基因工程可能会解决数百万人的温饱问题，减轻更多人的痛苦和苦难，让世界变得更快乐、更健康、更安全。又或者，它可能会引发可怕的疾病和超级细菌，摧毁大片农田，以牺牲穷人的利益为代价让富人变得更富。

汽车、计算机和抗生素药物等其他重要技术的发展表明，基因工程的未来可能介于以上两者之间，它的未来并非取决于科学家以及他们的能力，而是取决于整个社会以及人们希望科学所实现的目标。

章末思考

1. 赛雷拉基因公司对绘制人类基因组图谱的探索有什么争议？

2. 对2013年美国最高法院关于对人类基因设立专利保护的裁决发表自己的看法。

 教育视频

本二维码链接的内容与原版图书一致。为了保证内容符合中国法律的要求，我们已对原链接内容做了规范化处理，以便读者观看。二维码的使用可能会受到第三方网站使用条款的限制。

扫描二维码，观看绘制人类基因组图谱的视频。

研究项目

利用互联网或学校图书馆研究基因专利的话题，并回答以下问题：基因是否可以申请专利？

一些人认为，不应该允许基因申请专利。因为在植物或动物当中发现某种东西，并不意味着某人就有权拥有它，并从中获利。正如首次发现宇宙中恒星的人，他并不能拥有这颗恒星，因为他并没有创造或发明这颗恒星。为基因申请专利，使得生物变得更像一个可利用的产品，而非一个值得被珍视的生命。另外，基因专利还会阻碍其他人利用基因来造福大众。

另一些人则认为，应该允许基因申请专利。进行基因研究需要耗费大量的精力和金钱，这些基因的发现不仅能给大众带来很多好处，而且能给研究的人带来大量的利润。这些耗费了大量时间、精力和金钱做研究的人，应该拥有工作所有权和从中获利的自由。否则，他们可能不会继续他们的研究，也不会给社会带来好处。

写一篇两页的报告，使用研究得出的数据来支持你的结论，并做一次课堂展示。

关于作者

戴夫·邦德（Dave Bond）是一位自由撰稿人，居住在美国新泽西州的哈肯萨克市。他毕业于罗格斯大学，该学校是北美顶尖大学学术联盟"美国大学协会"（AAU）的成员之一。戴夫·邦德撰写了大量关于科学和工程学方面的文章及论文。

图片版权所有

页码: 2: Sergey Nivens/Shutterstock.com; 3: Andresr/Shutterstock.com; 4: Steve Oehlenschlager/Shutterstock.com; 5: Wellcome Library, London; 6: ??/Shutterstock.com, Creations/Shutterstock.com; 7: isak55/Shutterstock.com; 9: Designua/Shutterstock.com; 10: Genome BC/youtube.com; 11: Efstathios Chatzistathis/Shutterstock.com; 12: Tischenko Irina/Shutterstock.com; 13: JPC-PROD; 14: ??/Shutterstock.com; 15, 49: Lightspring/Shutterstock.com; 16: borzywoj/ Shutterstock.com; 17: Monkey Business Images/Shutterstock.com; 18: dreamerb/Shutterstock.com; 19: totojang1977/ Shutterstock.com; 20: Eco-Wise Videos/youtube.com; 21: agsandrew/Shutterstock.com; 22: kentoh/Shutterstock.com; 23: FamVeld/Shutterstock.com; 24: Alila Medical Media/Shutterstock.com; 25: Africa Studio/Shutterstock.com; 26: Image Point Fr/Shutterstock.com; 27: science photo/Shutterstock.com; 29: Dimarion/Shutterstock.com; 30: Juan Gaertner/Shutterstock.com; 31: The World in HDR/Shutterstock.com; 33: Sergey Nivens/Shutterstock.com; 34: bluebird bio/youtube.com; 35: koya979/Shutterstock.com; 36: Sandra Matic/Shutterstock.com; 37: Dalibor Sevaljevic/Shutterstock.com; 38: Janekoho/ Shutterstock.com; 39:Paula Cobleigh/Shutterstock.com; 40: demidoff/Shutterstock.com; 41: A. Katz/Shutterstock.com; 42: Tobias Arhelger/Shutterstock.com; 45: Marcin Balcerzak/Shutterstock.com; 48: GMO Answers/youtube.com; 50: Giovanni Cancemi/Shutterstock.com; 51: Lakomanrus/Shutterstock.com; 52: ??/Shutterstock.com; 54: Kent Weakley/ Shutterstock.com, AuntSpray/Shutterstock.com; 55: chombosan/Shutterstock.com; 56: Tech Insider/youtube.com; 57: Andrii Vodolazhskyi/Shutterstock.com; 58: Yang Nan/Shutterstock.com; 59: Robert Kneschke/Shutterstock.com; 60: Crevis/ Shutterstock.com; 61: Jenoche/Shutterstock.com; 63: Alexander Raths/Shutterstock. com; 64: Budimir Jevtic/Shutterstock.com; 66: Syda Productions/Shutterstock.com; 68: TED-Ed/youtube.com; 69: Vichy Deal/Shutterstock.com

章节插图: FreshStock/Shutterstock.com; Saibarakova Ilona/Shutterstock.com

边框插图: macro-vectors/Shutterstock.com; CLUSTERX/Shutterstock.com; mikser45/Shutterstock.com; Supphachai Salaeman/Shutterstock.com; amgun/Shutterstock.com

背景图: hywards/Shutterstock.com; d1sk/Shutterstock.com; majcot/Shutterstock.com; HAKKI ARSLAN/Shutterstock.com; Ruslan Gi/Shutterstock.com; Sararwut Jaimassiri/Shutterstock.com; zffoto/Shutterstock.com